精英职业 10
趣味百科

生物学家见过
外星人？

[韩] 李庭模 著 [韩] 洪承佑 绘 吴荣华 译

U0312115

长江出版传媒 ｜ 长江少年儿童出版社

图书在版编目（CIP）数据

生物学家见过外星人？ / （韩）李庭模著；（韩）洪承佑绘；吴荣华译 . 一武汉：长江少年儿童出版社，2016.1

（精英职业趣味百科）

ISBN 978-7-5560-3605-9

Ⅰ . ①生… Ⅱ . ①李… ②洪… ③吴… Ⅲ . ①生物学－少儿读物 Ⅳ . ①Q-49

中国版本图书馆 CIP 数据核字（2015）第 282547 号

주니어대학 10: 유전자에 특허를 내겠다고 ?- 생명과학
developed by Hae-sun Lee, written by Jeong-mo Yi and illustrated by Seung-woo Hong

著作权合同登记号：图字：17-2014-155

精英职业趣味百科

生物学家见过外星人？

原　　著	（韩）李庭模 著　（韩）洪承佑 绘
译　　者	吴荣华
责任编辑	张云兵
特约编辑	李晓阳　赵迪秋
装帧设计	齐　娜
出 品 人	李　兵
出版发行	长江少年儿童出版社
电子邮件	hbcp@vip.sina.com
经　　销	新华书店湖北发行所
承 印 厂	北京中科印刷有限公司
规　　格	710×1000
开本印张	16 开　9.5 印张
版　　次	2016 年 1 月第 1 版　2016 年 1 月第 1 次印刷
书　　号	ISBN 978-7-5560-3605-9
定　　价	29.80 元
业务电话	（027）87679179 87679199
网　　址	http://www.hbcp.com.cn

本书如有印装质量问题，可向承印厂调换。

畅游美丽的生物学画卷

　　我住在公寓的12层，公寓的9层住着一名学习很用功的高中女生。每当我们在电梯里相遇时，她总用羡慕的目光看着我。她为什么要羡慕我？没别的原因，只是因为她从别人那里听说我在大学里学的是生物化学专业，她的梦想恰恰就是考上大学的生物专业或生化专业。暂且就当我替那名同住一幢公寓的女孩子实现了梦想吧。

　　我是1983年考入大学的，想必那时候很多读者朋友还没出生吧。当时"遗传学"这个词几乎天天都会出现在新闻里，因此生物学在那时候可是热门学科，尽管现在已经很少有人再提这个话题了。当时人们对所谓遗传基因和DNA了解甚少，因此整个社会都对遗传学寄予了很大的期望，新闻里天天都会报道遗传学研究成果，就好像用遗传基因培育的新生命体即将问世、解决人类粮食和能源问题近在眼前、消除世界上的所有疾病指日可待似的。

也许是被当时的氛围所感染，那时的大学不管是生物学科还是生化学科，不管是农业种植学科还是昆虫病理学科，都在讲授与遗传相关的理论。那时候的大学生也一样，大家一门心思想要尽快掌握有关遗传基因的奥秘以造福人类。然而我们的期望与现实的距离太遥远，毕业后我们才明白，对于生命，我们还有太多不了解的地方。可以说，认识到这一点算是我们大学四年所取得的最大收获。

时至今日，生物学和生化学的热潮比起我们当年的盛况是冷清了不少，可还是有不少愿意报考这些专业的学生，而且这些专业仍然是大学各专业中录取门槛最高的。这又是为什么呢？因为念完生物学或生化学的大学本科课程，对于报考医科大学的研究生很有帮助。跟我同住一幢公寓的那名女生也一样，她的终极理想就是做一名白衣天使。而在她看来，要想实现这一理想，就必须先学习生物学或生化学。

自然科学分为好多个领域，有天文学、地质学、物理学、化学、生物学等，其中历史最悠久的学科应该说是生物学。因为我们人类就是生物，而自从地球上有了人类，我们就从未停止过探索自己的生命之谜。生物学作为系统的理论问世已经有2000多年的历史，可最近100多年的研究成果已经远远超越了过去2000多年的总和。如果说人们过去对生物的研究只是停留于对生物外形和生活习性的研究，那么现在则已经发展到对看不见的化学物质和化学反应进行研究的程度。所以说，很多朋友在学习生物学的时候，学着学着就会觉得自己根本是名化学专业的学生。

然而最近生物学的研究方向又发生了变化：对生物本身的关注度越来越高，分类学和进化学越来越受到重视。分类学指的是划分动植物和微生物所属关系的学问。也许有人会问研究它们的所属关系有什么用，其实研究生物的所属关系对于保存"物种多样性"而言非常重要。人类要生存就必须维持健康的生态系统，而健康的生态系统则要求生物种类的多样化和食物链的复杂化。分类学就是进行这方面研究的一门十分必要的基础学科。此外，我们要想把握人类未来的发展趋向，就必须了解人类的诞生和进化过程。生命的历史就是进化的历史，不了解进化学我们就不知道人类是如何一步一步走到今天的，也就无法为人类的未来勾画一个更美好的明天。

说了这么多，也许大家眼前已经出现了一幅包罗万象的生物学画卷，怎么样，想好了自己感兴趣的领域吗？哦，对啦，差点忘了告诉大家那名高中女生的去向。她如愿以偿地考入了"生物学及大脑工程学"专业，朝自己的理想迈出了关键的一步。

好了，现在就让我们走进这美丽的生物学画卷去畅游一番吧！

第一章

生命科学，
揭示生命秘密
的学问

怎样才能证明我们都是生命体？

生命体都是按一定的规则构成的

什么叫生命体？科学家或者哲学家会给出一个极其复杂的回答。其实答案可以非常简单：活的东西就是生命体，死的东西当然就不是生命体。正在读着这本书的同学们是生命体，写这本书的我当然也是生命体。可这本书却不是生命体，书桌也不是生命体，我们手里的圆珠笔、照亮书本的手电筒全都不是生命体，因为这些东西都不是活的东西。

的确，把生命体理解为活的东西就简单多了。可要是有人追问什么是活的东西我们又该怎么回答呢？是不是觉得很难？别急，实际上这并不难解释。"如果要证明你是活的，那就请你拿出证据来！"没问题，现在我们就一条一条地摆出这些证据。

大家先设想一下乡间的土路。土路上面虽然覆盖着松软的泥土，可泥土下还埋藏着大小不一的石头，这些石头使松软的土路变得凹凸不平。埋在泥土下的这些石头毫无规则，从而使路面的形状也各不相同。这些没有规则的东西就不是生命体。对，它们不是生命体！

再看看我们人体的形状。最上面是头部，头部下面是身体，身体下面还有两条腿。我们的面部长相也都具有相同的特点。虽然有些人我们素昧平生，可我们能准确地知道他们的脸上有眼睛、鼻子、嘴巴、耳朵，而且我们还准确地知道这些器官的数量和所处的位置。同理，如果有人叫我们画一棵我们从未听说过名字的树，我们也照样能画个八九不离十。先画树干，再画树枝树叶，最后画上树根，尽管树叶和花朵的形状有所不同，可我们毕竟画出了一棵树的大致形状。从广义上说，无论高矮胖瘦，人的形状总是一样的；无论松柳桃李，树的形状也都大同小异。如此看来，按照一定规则组成的物质就有可能是生命体。

生命体之所以看上去很有规则，是因为生命体的结构都是自成体系的。而且这个体系非常严谨，严谨到你可以精确定位而不会张冠李戴。现在我给大家写一下我的家庭地址和我身体中胃壁细胞的位置。

大韩民国——京畿道——高阳市——日山洞——中山路

李庭模——消化道（器官系统）——胃（器官）——

胃壁（组织）——胃壁细胞

　　韩国有京畿道、忠清南道、全罗北道等好几个道①，每个道都有所属的城市，每座城市属下还有更小的区域和道路。人的身体也一样，人体内有消化器官系统、循环器官系统、运动器官系统等许多器官系统。这些器官系统由多个器官组成，每个器官由组织构成，而每个组织又由细胞构成。由于生命体都会形成这种规律性的系统，因此生命体的形状都是按照一定的规则构成的。

　　可我们也不能因此就说凡是形状规则的东西就是生命体，而形状不规则的东西就不是生命体。比如有些新款汽车我们虽然无从得见，可还是能够想象其大致的外形；再比如建筑和山川也都是按照一定规则构成的，但它们通通不是生命体。所以说，生命体一定有规则，而有规则不一定就是生命体。

　　看来，要想说明"什么是活的生命体"，除了规则性之外，还需要寻找其他的证据。

---

① 道：行政区划，类似于中国的省。韩国现有一个特别市（首尔）、六个广域市（直辖市）和九个道。

生命体是既能吃也会拉的东西

　　试想一下，我们正在用石块砌墙，砌着砌着石块不够了，这个时候该怎么办呢？一般情况下，我们会请人再运一些石块来。可有人出了一个馊主意："干吗费那个事儿，朝那些已经砌好的石块上浇水不就得了吗？只要给石块浇水，石块就会像地里的庄稼那样长大，过不了多久就会自动长成一堵完整的石墙的。"天啊！这恐怕连馊主意都算不上！我想，读到这里的同学们没有一个人会相信这种胡言乱语。是的，即使给石块浇上再多的水，它们也永远都不会长大，因为石块不是生命体。因为，石块既不会吃也不会拉。

　　可小狗就不一样了。给它吃的喝的，它就会一天天长大。它不

仅会吃会喝，还会撒会拉。有进就会有出，这叫作"物质代谢"。"物质"一词大家都知道是什么意思，可"代谢"一词就有点陌生了。通俗一点说，"代谢"就是用新的东西代替旧的东西，即"以新代旧"的意思。为了维持生存，生命体会分解吃进体内的东西，将有用的东西转换成养分和能量留存下来，将剩余的残渣排出体外，这就是生命体的"物质代谢"功能。也就是说，包括我们人类在内的动物会将吃下的食物和吸入的氧气在体内合成各种养分和能量，而将剩余的食物残渣和气体变成粪便和二氧化碳排出体外。

植物体内也会进行这种新陈代谢活动。植物从根部吸收水分，从叶子背面吸收二氧化碳，照射到植物叶子表面的阳光又使这些水分和二氧化碳变成植物生长所需要的淀粉，然后排放出氧气。这就是植物的光合作用。

这么说，凡是"能吃会拉"的东西就都是生命体了？如果只是这样，我们的证据就已经充足了。然而遗憾的是，这个答案仍然不完美。我们还是拿汽车来举例。人们日常生活中司空见惯的汽车并不是生命体，可是它同样"能吃会拉"。我们到加油站给汽车加好油后启动车辆，这时汽油就和空气混合起来在发动机内发生燃烧。汽车就是凭借着这种燃烧产生的动能被驱动的。除了能"吃"，汽车也会排出废弃物，这就是通过排气管排放出去的汽车尾气。可以说，汽车"吃"的是汽油，"拉"的是包括一氧化碳、二氧化碳等上百种不同化合物的尾气。

所以说，所有的生命体都"能吃会拉"，可不能反过来说"能吃会拉"的都是生命体。要想说明"什么是活的生命体"，我们还得另找新的证据。

生命体始终维持着一定的状态

如果将寒冷的北极雪原上的一块石头放到炎热的赤道沙漠里会怎样呢？对，冰冷的石头会变得滚烫。如果换成我们人类又会怎样呢？事实上，不管生活在寒冷的阿拉斯加还是灼热的赤道地带，我们的体温始终保持在36.5℃。这种现象叫作"恒定性"。恒定性是生命体将自己的身体维持在最佳状态的特性。石头不需要维持一定的状态，因为它不是活着的生命体。而对于人类来说，如果体温上升，人体就会以出汗的形式自行降温；如果体温下降，人体也会以寒战的形式产生热量。再比如，如果骨骼的含钙量太高，多余的钙就会自动被排到骨骼外；如果骨骼缺钙，就会通过食物来补充，从而使体内始终保持一定的含钙量。

如果恒定性遭到破坏，生命就
无法继续维持。比如当我们患上流感
时体温会迅速升高，这时我们的身体
就会调节体内各种要素将体温恢复到

> 在寒冷的地方裸露身体，哪怕是身体再强壮的人也会患上低体温症。在寒冷的天气里如果再淋上一身雨水，或者身体完全被水浸泡，则体温更容易下降。当体温下降到32℃以下时，人体就会陷入昏迷状态甚至死亡。

正常状态。可如果由于种种原因我们最终无法制止体温上升，就只
有死亡。所以说维持恒定性即维持生命，失去恒定性即失去生命。

如果将地球上的石头带到月球上，石头还是石头，不会有任何
改变；可如果我们人类穿着平时的装束飞到月球上就会连一秒钟也
活不下去。同样，如果我们掉到大海或咸水湖里也很难维持生命，
因为我们根本不能适应那样的环境。人类要维持生命必须具备适当
的温度、气压、氧气浓度、氢离子浓度等条件，只有在这样的地方
人类才能生存下去。生命体并不是随时随地都能保持恒定性的，因
此地球上的各种生命体都有适合其生存和不适合其生存的地方。

这么说，只要拥有恒定性就是生命体？也不尽然。比如空调，
只要我们在空调的遥控器上按下希望的温度，空调就会自行调节室
内的温度，使其恒定在我们所设定的温度上。从这一点来说，空调
也具有恒定性，可它显然不是生命体。

还是那句话，生命体具备恒定性，但不能反过来说具备恒定性
的就是生命体。我们还得继续努力去寻找生命的证据。

生命体能够自行运动、自行反应

如果没人移动，石头永远都会停留在原来的地方，不可能自行移动。它只会在外力，比如风力、地震或其他生命体的作用下发生位置移动。石头不会因为气温下降而蜷缩身子，不会因为人声鼎沸而烦躁不安。石头没有任何感觉，它不会听、不会看、没有味觉，也不知道周边沙石的粗细。汽车也一样，别看汽车比我们人类跑得快，可它绝对不会自行奔驰，也不知道自己究竟要去什么地方，因为操控汽车行驶的是我们人类。没有生命的物体不会自行运动，也不会自行反应。

相反，生命体却能够自行运动，也能够对外部刺激做出相应的反应。我们能听到声音、看到阳光、嗅到鲜花、尝到美食，因为我们是不折不扣的生命体。

那植物会怎么样呢？植物也和我们一样，它们会跟着阳光移动，而且也能对声音、气味和温度等外界刺激做出反应，因为植物也是生命体。

哇！我们终于找到了区分生命体和非生命体的标准。可是且慢。假如水里掉入一滴油，用木棍搅一搅的话，油滴先是散开，可没过多久就会重新聚集在一起。水是静止的，屋子里也没有风，更没有人要把它们聚到一起，可四散的油滴还是会自行聚集。风也一样，没有谁去指挥它往哪儿吹，可它也能按照气压差异自行移动。

没错，生命体能够自行运动并且对环境刺激做出反应，可不能就此说能够自行运动且对环境刺激做出反应的就是生命体。我们还需要更有力的证据。

生命体能够自行长大并自我复制

你们见过院子里的石头自行长大吗？没错，院子里的石头只会变小而绝不会长大。可所有的生命体都能随着时间的流逝慢慢成长。当然，屋檐下的冰挂也会自行"长大"，所以我们不能说可以自行长大的东西都是生命体。

让我们再换个角度来观察。院子里的石头不会由两块自行变成三块，屋檐下的冰挂也不会自行生出另一条新的冰挂，但所有的生命体都能生出与自己相同或相似的新生命体。比如鱼儿会产卵，人类妈妈会生下婴儿，这种现象就叫作"生殖"。有些生命体能够复制出与自己完全相同的生命体，还有些生命体只能产生出与自己相

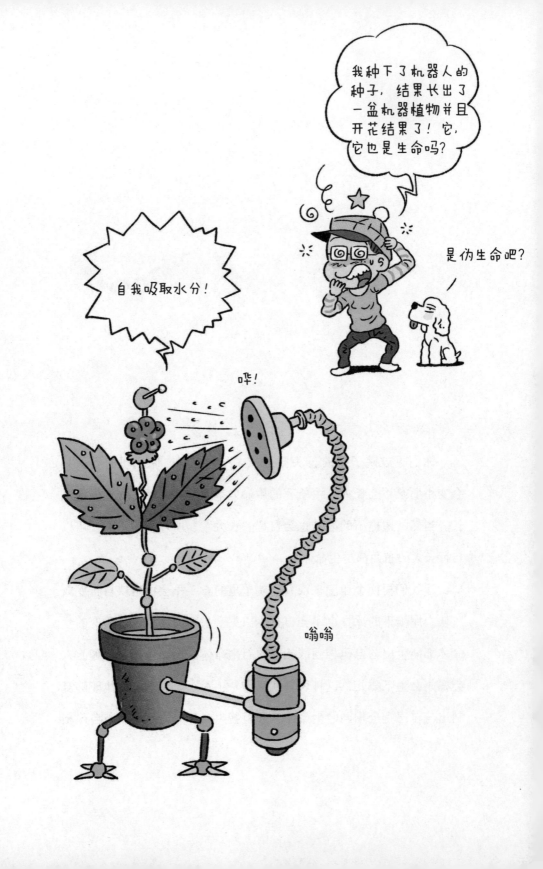

似的生命体。生命体之所以具备这样的功能，是因为生命体内部都有一幅"生命设计图"。

用同一张设计图建造出几幢相同的房子也可以叫作复制，可两幢房子绝不会自己生出另一幢房子来。生殖是包括我们人类在内的生命体才能完成的事情。

现在我们可以断定，自我复制或生殖才是证明生命体身份的最强证据。可我们好不容易找到的这条证据能一劳永逸地解决问题吗？将来又会怎么样呢？如果出现具有自我复制功能的机器人该怎么办呢？要知道，世界上可是有不少顶尖的科学家正在研究所谓的人工智能呢！是啊，到目前为止，成长和自我复制是证明一个物体是不是生命体的最强有力证据，可至于这条证据到底能支撑到什么时候，我也说不准。哪一天真要是支撑不下去了，我们就必须重新修改生命体的定义了。

好了，让我们来简单回顾一下我们所搜罗的证据吧。要想证明一个物体是不是生命体，我们就必须验证其是否具备这样五个特征：一是必须有规则，二是必须能够进行物质代谢，三是能够维持恒定性，四是能够自行运动、自行做出反应，五是既能成长又能生殖。只有具备了这五大特征，才称得上是真正的生命体。

沙漠狐狸为什么长着一对大大的耳朵？

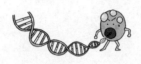

看似相同，实则不同

　　石头就是石头，虽然经过长期的风吹雨淋其形状会有所改变，可它的性质不会有丝毫改变，过去是石头，今天是石头，将来也永远是石头。随着时间的推移，岩石分化为碎石，碎石分化为沙粒，沙粒又最终变成泥土。在这一过程中，变化的只是岩石的大小，而且这个变化也不是自行完成的。此外，把石头从灼热的赤道搬到寒冷的北极，石头还是那块石头，环境变了而石头本身一点儿没变。同理，把沙子从骆驼漫步的非洲沙漠搬到沙锥鸟栖息的黄海泥滩，沙子也仍然是沙子。不管周边环境发生了多大的变化，沙子都不会变成别的东西。

可生命体就不一样了。没有哪个生命体会与另一个完全相同。随着时间的流逝，生命体的形状会渐渐发生变化，那些细微的变化日积月累，原先的生命体就慢慢变成了完全不同的另一个生命体。这种生命体自行发生变化的现象叫作"进化"。能够进化的才是生命体，不会进化的就不是生命体。因为进化的基础是生命的复制和繁衍，而我们上面提到过，这是证明一种物质是不是生命体的最有力证据。那么，生命体的进化又是怎么发生的呢？别急，让我们先来了解一下进化的基础——变异。

同学们想必都曾有过养狗的经历，即使没有，也肯定看见过别人家养狗。假如狗妈妈生下了五胞胎，也就是一次生下了五条小狗，那么这些小狗的长相会不会都是一模一样的呢？不是的。不仅长相不尽相同，它们的性格和行为模式也完全不一样。有的小狗调皮，有的小狗爱撒娇，有的小狗瘦骨嶙峋，而有的小狗则生来就是个小胖子。小狗是这样，小鸟也是这样，虽然它们都是同一个妈妈生出来的，却各有各的长相和性格。对于动物来说，不仅下一代和上一代不尽相同，就连同一代的兄弟姐妹之间也都存在一定的差异，这种差异就叫作"变异"。

人类当然也不例外。看看相册里的全家福，我既像爸爸又像妈妈，既像爷爷又像奶奶，当然也像外公和外婆。可这里说的仅仅是"像"，再像也不可能完全相同。

为什么我的长相和爸爸妈妈相似却又不完全一样呢？这是因为我们体内有一种名叫遗传基因的"设计图"。至于什么是遗传基因，我们在第一章第四小节再来详细讨论，这里暂且略去。反正遗传基因就是一种能够使下一代继承某些上一代身体特征的物质。遗传基因决定着长相、身高、血型等诸多生命特征。正是由于我们拥有爸爸妈妈的一部分遗传基因，我们的长相才会跟他们相似。

　　如果说我们和爸爸妈妈既相似又不同是因为我们并没有继承上一代的所有遗传基因，那么为什么同一对父母生下的兄弟姐妹之间也会存在这种"既相似又不同"的现象呢？其实道理是一样的，这是因为我们的兄弟姐妹从爸爸妈妈那里继承的遗传基因比例也不尽相同。这就是"变异"现象。

谁能生存下来由大自然决定

　　沙漠狐狸是种耳朵特别大的动物。耳朵大有利于察觉周围的各种动静，更有利于散发体内的热量。然而沙漠狐狸的大耳朵并不是一开始就有的，而是物种为了适应环境的变化而逐渐演进的结果。

　　沙漠狐狸的祖先原本生活在广袤的大草原上。随着时间的流逝，大草原渐渐被沙漠吞噬。因为食物越来越少，为了生存，狐狸们开始离开自己的家园迁往别的地方。然而并不是所有的狐狸都离开了故土。由于大多数狐狸迁走了，所以草原的面积虽然减少了，可争夺食物的竞争对手也相应减少了，于是一些狐狸觉得，与其背井离乡到陌生的地方去生活，不如留在原地觅食。但草原的面积越

来越小，沙漠越来越逼近它们身边。它们已经来不及离开这个地方了，因为沙漠的面积太大了，试图穿越的话，有可能在中途就会渴

死、饿死。随着草原面积的进一步缩小，觅食变得越来越困难了。

对狐狸们来说，食物减少固然是个灾难，更要命的还是炎热的沙漠气候。在炎热的气候环境中，我们人类可以通过出汗的方式来排出体内的热量、维持正常的体温，可狐狸却没有汗腺来排汗。体温一旦上升，狐狸便会浑身乏力、头昏脑涨以致根本无法捕捉猎物，而捕不到猎物就只有坐等死亡。饥饿的狐狸也无力再生养那么多的孩子，即使生下来，小狐狸也会因为吃不到妈妈的奶而迅速夭折。

我们之前说过，新的生命体会出现"变异"现象。随着生存环境的改变，新生狐狸的耳朵开始出现"变异"。新生狐狸中本来有耳朵大的，也有耳朵小的。但在沙漠环境中，耳朵大更有利于狐狸散发体内的热量保持正常体温，而体温正常就有利于捕食，有利于养育后代。随着时间的推移，耳朵大的狐狸变得越来越多，而耳朵小的狐狸则越来越少。最后，沙漠上只留下了大耳朵狐狸。这样的例子在自然界中还有很多很多，比如生活在北极的狗熊浑身上下都覆盖着白色的体毛——因为在白雪皑皑的雪原上，身披白色毛皮非常有利于隐藏自己、捕捉猎物。长此以往，北极雪原上就只留下了

白色的北极熊。

　　这里需要特别指出的是，大耳朵狐狸生下大耳朵后代绝不是有意识的行为，北极熊也从未想过通体纯白有利于雪地生存的问题。倒是我们的爸爸妈妈总想生一个健康壮实的小宝宝，却未必能够如愿以偿。

　　狐狸生下的后代中既有大耳朵的也有小耳朵的，可在沙漠这种恶劣的环境下只有大耳朵狐狸生存下来了；北极熊生下的后代中既有白色的也有棕色的，可在北极这种恶劣的环境下也只有白色小熊生存下来了。因为它们所处的环境有利于大耳朵狐狸和白色北极熊的生存。

　　可见，什么样的变异对生存有利，就会有什么样的生命体存活下来，这不是由谁的主观意志决定的，而是由大自然来决定的。这种现象叫作"自然选择"。提出"自然选择学说"的是英国地质学家和生物学家查尔斯·达尔文。由于他是生物学界一位非常重要的人物，所以我会在第二章第一小节给大家做一个专门的介绍。

从量变到质变

1000只蝌蚪长成了青蛙，可因自然变异的缘故，其中的500只长成了跳得快的青蛙，另外500只则长成了跳得慢的青蛙。青蛙生活的池塘里还有一条专门以青蛙为食的蛇。我们不妨想想，那条蛇会以哪些青蛙为食呢？是跳得快的青蛙，还是跳得慢的青蛙？答案当然是那些动作迟缓的青蛙，因为捕捉它们不用费那么大的力气。结果，跳得快的青蛙大多存活了下来，而跳得慢的青蛙则大部分成了贪吃蛇的食物。

冬天来了，青蛙和蛇都钻到洞里冬眠去了。第二年春天，池塘里又有1000只蝌蚪孵化成了青蛙。这次可不是500只快蛙和500只慢

蛙了。由于慢蛙已经被蛇吃掉了很多，它们生下的蝌蚪自然也比去年少了很多，所以这次的比例变成了700只快蛙和300只慢蛙。而这次也和上次一样，大多数慢蛙被蛇吃掉了。

几年过后，这个池塘里就只剩下了快蛙。后来，这些快蛙就连体形也变得跟自己的祖先不同了。它们都拥有粗壮有力的后腿，跳起来一蹦三尺远，这样的身躯和能力恐怕就是祖先再世也不敢相认了。发生在后腿肌肉上的"变异"，使这些青蛙逐渐适应了与蛇共存的环境，于是它们把这些变异固化下来并遗传下去，若干代之后，它们就变成了与祖先迥然不同的另类青蛙了。

进化就是这样经过"变异——自然选择——遗传"等几个阶段而最终完成的。无论是蜗牛、蚯蚓、青蛙还是我们人类，所有这些生命体都是通过一定的变异、自然对变异的选择以及变异的不断遗传而形成的。变异被自然所选择然后再进行遗传的过程就是进化过程。

老前辈！

生命体的能量是
怎么生成的？

分解，分解，再分解

　　汽车要跑起来都需要些什么条件呢？首先要有汽油。可汽车并不是用汽油驱动的，而是用汽油燃烧时产生的能量驱动的。那么要使汽油燃烧又需要什么条件呢？是的，我们还需要氧气。不管是什么东西，只要燃烧都需要氧气。这就是说，要驱动一辆汽车，首先要给它加满汽油，然后供应氧气并点燃油气混合物，最后利用汽油燃烧时产生的能量推动车轮向前移动。

　　我们的身体也是一样。想要生存下去我们就离不开食物，管它是中餐、韩食还是西餐。同时我们还需要呼吸，只有通过呼吸才能吸入氧气，并依赖它把食物中的能量以可供使用的形式释放出来。

这些能量就是我们用来活动、思考、繁衍后代的力量源泉。

那么，我们吃饭的时候为什么要反复咀嚼呢？狼吞虎咽也能填饱肚子，干吗还要费那么大的劲反复咀嚼呢？理由很简单，未经咀嚼的食物不可能将养分很好地传送到我们体内的细胞之中。

现在让我们一起去看看食物在我们体内的移动过程吧。食物首先进入口腔，然后通过连接口腔的食道进入胃部。胃是连接在食道下面的"饭袋"，食物在这里储存一段时间以后便进入与胃相连的细长而弯曲的小肠。通过小肠之后，食物又转入到大肠。大肠虽然没有小肠那么长，但比小肠要粗得多。再往后食物就进入了直肠，最后通过肛门被排出体外，这就是所谓粪便的由来。

只看粪便是分辨不出人们吃了些什么东西的，因为不管你吃了猪肉还是蔬菜，粪便都是一样的。当然，如果人体消化不良就另当别论了，因为像豆芽、海带之类的食物基本上会保持原状被排出体外。因此老人们常说"如果消化不好，那就看看粪便"，因为从中也许能够看出你是因为吃了什么东西而闹肚子的。

在这一段穿越口腔、食道、胃部、小肠、大肠、直肠和肛门的美食之旅中，真正负责"消化"的器官是口腔、胃部和小肠。这里所说的消化就是将食物"分解，分解，再分解"的过程。

食物在进入口腔后首先会被牙齿嚼碎，饭粒被嚼碎、蔬菜被嚼碎、肉类也被嚼碎。在嚼碎食物的同时，我们的口腔会产生唾液，

唾液里含有能够分解碳水化合物的酶。碳水化合物被分解后就会变成若干种我们用肉眼看不见的微小粒子——糖分。

与口腔不同，胃是分解蛋白质的地方。这项工作同样是由酶来完成的，只不过这种酶与分解碳水化合物的酶不同。吃饭的时候，妈妈总是不停地叮咛，要我们细嚼慢咽，妈妈的唠叨不是没有道理的。食物在反复咀嚼之下其表面积会增加好几倍，而表面积越大，酶的作用就越充分，我们的消化也就越良好。举个例子来说，如果我们将边长为4的立方体分解为64个边长为1的立方体，那么其表面积就会从原来的96（4×4×6）一下子扩大到384（1×1×6×64），足足扩大了4倍。妈妈叫我们细嚼慢咽，就是为了让我们好好消化吃下去的东西。被消化分解之后的蛋白质会变成一种叫作"氨基酸"的物质。氨基酸也是我们用肉眼看不见的微小粒子。

接下来就是小肠了。这里有从十二指肠（位于胃部和小肠的连接部位）分泌出来的分解脂肪的酶。脂肪在分解过程中会形成叫作"甘油三酯"和"脂肪酸"的微小粒子。

我们的身体虽然很大，可这么大的身体都是由微小的细胞组成的。所有的生命体活动也都是在这些微小的细胞里进行的，因此养分也必须传送到这些细胞中。可豆芽、米饭、猪肉等食物的体积都太大了，不可能直接进入细胞，所以必须被分解为更微小的粒子才能被细胞所吸收——也就是说，只有当碳水化合物被"消化"成糖分、蛋白质被"消化"成氨基酸、脂肪被"消化"成甘油三酯时，这些养分才能进入细胞。那么这些养分究竟是如何进入细胞的呢？

心脏必须不停地跳动

　　想必同学们都清楚心脏在我们体内所起的重要作用。是的，心脏是向全身输送血液的器官，可以说是我们身体的发动机。虽然心脏是个非常重要的器官，可它并不大，大约只有我们自己的拳头那么大。心脏是不停地跳动的，虽然存在着个体差异，但一般来说，体重70千克的男子，其体内大约拥有6升血液，其心跳大约是每分钟70次，而就在这一分钟之内，这颗跳动的心脏会向全身提供5升左右的血液。这就是说，他全身的血液每70秒就会在体内循环一次。怎么样？够厉害吧！

　　心脏的动力令人印象深刻，而它一旦停止跳动人就会立刻死

亡。我们在妈妈肚子里的时候心脏就已经开始跳动，一直跳到死亡为止。我们的生命要延续下去，心脏就必须不停地跳动下去。我们说过，人类的生存需要消耗体内的能量。换句话说，我们的生存时间实际上就是不停地获取能量的时间，一旦无法获取能量，生命就将耗尽。为了获取能量，人体发展出了一套复杂而精密的系统。我们从外界摄取食物，再通过消化器官的加工将其变成可用来制造能量的营养物质。如果说人体的肠胃是负责提炼营养物质的工厂，那么人体的血液就是负责运输营养物质的卡车，而心脏正是这辆卡车的引擎。

人体的血液由血浆和血细胞（包括红细胞、白细胞和血小板）组成，其中浅黄色的半透明液体就是血浆。血浆的主要功能是运载血细胞、运送营养物质和体内垃圾，其含量约占血液总量的55%。而血细胞中的红细胞则具有结合并运输氧气与二氧化碳的功能。

血液全凭心脏的跳动进行循环。它在经过消化器官时会吸收养分，而在经过呼吸器官时则会利用红细胞中的血红蛋白吸收氧气。当血液流经身体其他器官和组织时，便会通过毛细血管将所携带的养分和氧气传送给细胞，并从细胞中回收人体垃圾和二氧化碳，再将其通过粪便和呼吸排出体外。

心脏通过跳动来推动血液，血液则流遍全身以交换氧气和二氧化碳，运输养分和人体垃圾，这个过程就叫作"血液循环"。就像环线地铁不停地转圈一样，只要心脏在跳动，血液也就不停地循环。帮助血液循环的心脏和血管叫作"循环器官"。

就这样，人体从消化器官中获取养分，从呼吸器官中获取氧气，然后将其通过循环器官传送给细胞。那么，在细胞里又会发生什么事情呢？

制造生命能量的线粒体

　　大家可能都听说过鳄鱼和牙签鸟的故事。牙签鸟是以啄食鳄鱼牙缝里的食物碎屑为生的鸟儿。啄食的时候，牙签鸟总是飞进鳄鱼大张着的嘴里；可鳄鱼从来不会吃掉牙签鸟，因为它知道，没有牙签鸟也就无法清除自己塞满了牙缝的食物碎屑。像鳄鱼和牙签鸟这样生物间互惠互利的关系叫作"共生"。

　　我们体内的细胞里也存在着共生现象。细胞里有上千个名叫"线粒体"的微小袋状物，它们实在太小了，小得就算一亿个抱成团也就只有一颗沙粒那么大。大约在20亿年前，线粒体是一种单独生存的微生物，可后来不知什么原因，它们进入了细胞并从此与细胞"相依为命"。

如果没有线粒体，别说是人，就连一棵小草、一只小虫子也难以生存，因为维系生命所需要的能量就是线粒体制造的。

人体通过消化而获取的养分和通过呼吸而得到的氧气通过血液循环被输送到全身细胞周边。细胞膜上的无数小孔使养分和氧气能够顺利进入细胞，而它们一旦进入细胞便径直来到线粒体旁。

线粒体能对养分进行更细致的分解，使之变成二氧化碳和水。养分被分解的时候会产生能量，这种能量叫作ATP。ATP是一种非常复杂的分子，凭同学们现在的知识是无法理解它的，所以只好留到大家考入大学生物专业、生化专业或医科专业以后再研究吧。

ATP又叫作生命能量，是所有生命体赖以生存的最基本的能量。

人类要维持生存，体温必须始终保持在36.5℃，这是为什么呢？这是因为我们体内的各种酶只有在36.5℃的体温下才能正常发挥作用，达不到这个体温我们的机体就无法运作，生命也就难以维系了。维持体温就要产生一定的热量，而产生热量的正是ATP。

人体随时随地都需要能量的支撑，不仅我们说话、运动需要能量，就连我们的口腔、胃和小肠里的消化酶在消化分解食物的时候也需要能量，所有这一切活动的能量来源都是ATP。不仅人类，对动物来说也是一样，电鳗可以放电、萤火虫可以发光，这些电和光也都是源自它们体内的ATP。

ATP（adenosine triphosphate）即"三磷酸腺苷"的简称，是存在于所有生物细胞内的分子，对能量的代谢起着非常重要的作用。一个ATP分子经过水解能够生成大量的能量，是生命活动的原动力。

　　将身体所必需的各种能量只用ATP一种形式来保存，这可真是再方便不过的方法了。有了ATP，我们的身体就无所不能。对生命体来说，ATP就是一个能量银行，只要拥有ATP，我们随时随地都可以得到能量。

　　如此说来，我们的呼吸、我们的一日三餐都是为了最终获取这个ATP。试想一下，如果20亿年前线粒体没有与我们的细胞共生，会是什么样的后果呢？

04

什么是遗传基因

设计图？

什么是DNA？

染色体——保存生命设计图的图库

假如我们设计了一款新型汽车，那么该把设计图放在什么地方好呢？我们肯定不会将设计图随手扔在教室的书桌上，因为历尽千辛万苦完成的设计图一旦被别人拿走，或者被风吹走，那就前功尽弃了。我们肯定会把设计图收藏在一个安全的地方。可是设计图毕竟不是收藏品，工程师随时都要调阅参看这些图纸，否则他们就无法按照我们的设计制造出新款汽车。此外，每一辆汽车都是由众多的零部件组成的，每个零部件都有其相应的设计图纸，可如果每张图纸都用不同的设计方法去绘制，那我们恐怕一辈子都得跟图纸打交道了。所以尽管每个零部件都各不相同，但我们会尽量用同一种

方法去制图，而且还要分门别类、整齐有序地摆放这些图纸，好让工程师们能够做到心中有数、随手取阅。如果几万张图纸乱七八糟地堆在一起，恐怕汽车还没造完，工程师们就要因为翻阅资料先累死了。

生命设计图也一样，它隐藏在细胞深处的细胞核里。仔细观察细胞核，我们会发现里面有好几条呈X状的物质。曾经有一位科学家将染色剂滴在细胞上，结果发现只有这种呈X状的物质被染上了颜色，于是科学家就把细胞中容易被染上颜色的这种物质命名为"染色体"。

染色体是我们体内保存生命基因设计图的图库。不同的生命体拥有不同数量的染色体，我们人类的每个细胞都拥有23对46条染色体，即每个细胞中都有两组同样的染色体。换句话说，我们每个人的体内都拥有两个各自保存着23张设计图的图库。哦，对啦，男性体内的两个图库中只各自保存着22张设计图，还有两张设计图是不配对的，它们担负着特殊的功能。

人类所有46条染色体看上去都是一样的，但事实上完全相同的染色体只有一对。如果仔细观察，我们就会发现每对染色体的大小和形状都存在着差异，于是科学家们给每对染色体都标注了序号。从1号到22号染色体叫作"常染色体"，剩下的两条染色体叫作"性染色体"。这个"性"就是"性别"的"性"，也就是说，性染色体是决定男女性别的染色体。

女性拥有两条同样的性染色体，叫作"X染色体"；而男性则拥有一条"X染色体"和一条"Y染色体"。与"X染色体"不同，"Y染色体"并不是因为形状，而仅仅是按照英文字母的排列顺序而得名的。

在保存生命设计图的图库中，染色体的数量因生物种类的不同而有所不同。比如人类拥有23对染色体，豌豆拥有7对染色体，水稻拥有12对染色体，果蝇拥有4对染色体，猪拥有19对染色体，黑猩猩拥有24对染色体，狗则拥有39对染色体。

这个世界为什么如此丰富多彩？

汽车是什么形状的呢？下面四个轮子，前面有挡风玻璃，里面还有方向盘……凡是轿车，其形状都大同小异，可我们一眼就能识别各种轿车的型号，这是现代，那是奥迪，又来了一辆大众，等等。这是为什么呢？因为它们虽然拥有相同的外形，可在具体的细节上又各有各的特色。不管是什么轿车，必需的零部件种类都相同，可其中的每个零部件又各不相同。从这个角度上说，所有的汽车制造公司都拥有同样数量的设计图纸，每一张图纸都对应着一种必需的零部件，可图纸上的内容是各不相同的。

人类也一样，我们每个人都拥有一双眼睛、两条胳膊、十根手

指，因此不管是中国人还是美国人，不管是非洲人还是爱斯基摩人，其体内的染色体数量总是相同的。当然，我们不能说染色体数量

相同的生物就属于同一个物种，可如果是同样的物种，其染色体数量则必定相同。也就是说，相同物种体内的生命设计图数量必定相同。与此同时，图纸上的内容却因人而异。除了同卵双胞胎以外，这个世界上不存在生命设计图完全一样的两个人。大家还记得我们之前讲过的"变异"现象吧，没错，这正是"变异"的典型体现。

我们东亚国家的人大体上都是黑眼睛，可即使同样是东亚人，眼睛的颜色也有一定的差异。这就是因为每个人的生命基因设计图不尽相同。仔细观察一下我们身边，有些人是高鼻梁，有些人是塌鼻梁；有些人是双眼皮，有些人是单眼皮……之所以会有这些区别，就是因为我们每个人的生命基因设计图都和其他人不一样。这正是这个世界会如此丰富多彩的原因。

遗传基因——生命的设计图

　　染色体的厚度只有1微米，即一百万分之一米，因此只能在显微镜下观察，否则哪怕你是火眼金睛也什么都看不见。染色体是一种双螺旋状的物质，看上去像是两根拧在一起的链条，而这两根相互拧着的链条就叫作DNA[①]。DNA链条非常长，可它的厚度仅为2.3纳米（1纳米为十亿分之一米），因此更是只能在显微镜下才看得到。

　　染色体由DNA链条与蛋白质构成，可蛋白质并不是生命的设计图，它仅仅是一种收纳设计图纸的物质。我们说过，构成染色体的

---

　　① DNA：英语**Deoxyribonucleic acid**的缩写，意为脱氧核糖核酸。

DNA链条很长，如果把一个细胞中的DNA拉直，其长度竟然可以达到2米。这么长的DNA链条要是硬塞入连肉眼都看不到的微小细胞岂不成了一团乱麻？因此，细胞便将长长的DNA链条缠绕在了一种名叫"组蛋白"的蛋白质上，形成了能够大大节约空间的双螺旋结构。

我们之前说过，遗传基因是一种能够使生物的下一代继承某些上一代身体特征的物质，事实上，这种物质就是带有生物遗传讯息的DNA片段，是最核心的生命设计蓝图。遗传基因就在DNA链条里，换句话说，长长的DNA链条里摆放着无数张设计图，每一张设计图就是一个遗传基因。

我们人类发现DNA的时间并不长，直到1953年才由英国的弗朗西斯·克里克和美国的詹姆斯·沃森两位博士揭示出包含着遗传秘密的DNA结构：DNA是两根拧在一起的链条，链条里包含着生物最核心的遗传物质——遗传基因，而遗传基因是由一组密码来标记的。看到这里，同学们也许已经觉得头昏脑涨了："DNA就够复杂的了，怎么这会儿又弄出了一组密码？"其实所谓的密码就是A、T、G、C四个英文字母，它们分别对应着四种特殊的化合物："腺嘌呤""胸腺嘧啶""鸟嘌呤"和"胞嘧啶"。我们不妨把排列在DNA链条上的这四个英文字母看成是生命设计图的绘制方法。

人类和黑猩猩十分相似，不仅在相貌上相似，就连染色体数量也很相近。那么蒲公英和大象呢？它们之间到底有没有相似的一

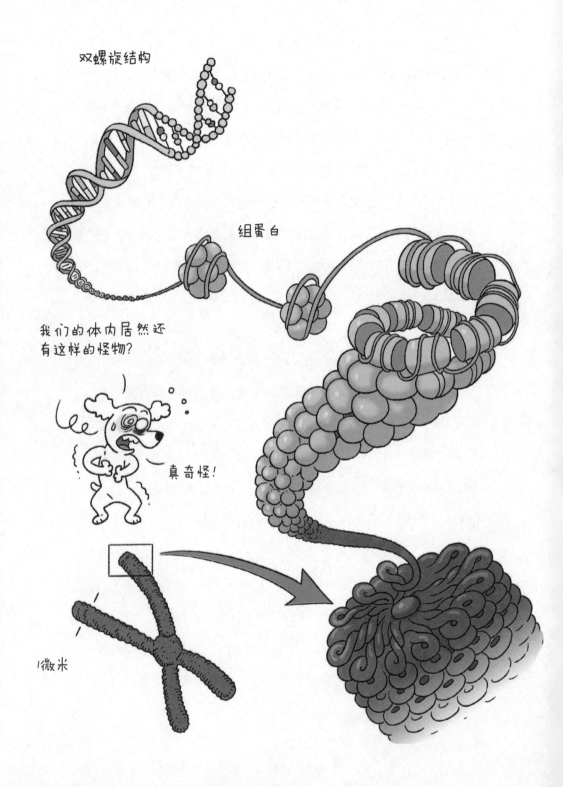

面？这两种生物不仅在外形和大小上相差甚远，而且还是两个完全不同的物种，一个是植物一个是动物，实在是天差地远。同学们也许要大吃一惊了，答案居然是肯定的，是的，它们的确有相似之处！请大家一定要记住，无论外形是否相似，也无论是否属于同一个物种，所有的生物都有一个共同的地方，那就是记录遗传基因的方法。

虽然不同的生物染色体的大小和数量各不相同，可记录遗传基因的方法却是一样的。遗传基因——这张生命的设计图不管在哪里都是用A、T、G、C这四个英文字母来绘制的。不管是单细胞动物草履虫还是高级哺乳动物大象，甚至是我们人类，都拥有使用同样的方法绘制的生命设计图。原因很简单，因为这世上所有的生物都拥有一个共同的祖先。

05

蛋白质的功能是什么？

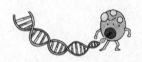

生命的主人公就是蛋白质

同学们应该都看过很多科幻大片吧？在那些炫目的影像奇观中，外星人往往是一个绝对的主角。那么，同学们认为到底有没有外星人呢？这当然是个见仁见智的问题。而我认为，外星人是存在的。如果宇宙中仅仅只有我们人类存在，那如此浩瀚的宇宙也显得太单调孤独了。

可我不相信外星人来过我们地球，因为宇宙之大实在不是我们所能想象的。比如说，离地球最近的恒星是太阳，可地球与太阳之间的距离还是非常遥远的——即使我们以每秒钟可绕地球七圈半的光速行进，抵达太阳仍需要8分19秒。假设我们的确能够以光速来进行星际旅行，那么去往离地球第二近的恒星需要4年零4个月；

而如果我们的交通工具不是光，而是人类现有的宇宙飞船的话，去往这颗恒星则需要5万—7万年。先不说没有一个生命体能够存活这么长时间，就凭人类现在的科技水平，我们连能够装载满足这段旅行所需燃料的宇宙飞船也无法制造出来。

现实生活中的确有一些科学家正在从事寻找外星人的研究工作，他们就是宇宙生物学家。大家知道他们的主要工作是什么吗？是寻找有水分的行星。因为几乎所有的生命体都是由水分构成的。就拿我们人类来说吧，我们身体的70%都是水分，也就是说，如果某同学的体重是40千克，那么其中的28千克都是水分。

生命体为什么偏偏是由水分构成的呢？为什么不可以由钢铁构成呢？要真是那样的话，我们岂不是再也不用害怕过马路的时候被车撞着了吗？

同学们不妨设想一下，我们要是成为了"钢铁侠"，那么到灼热的撒哈拉沙漠或极寒的阿拉斯加会出现什么情况呢？是的，到了沙漠就会立刻热死，到了阿拉斯加就会立刻冻死。因为钢铁的导热性能很好，到了灼热的地方"钢铁侠"的体温会蹿升到50度，而到了寒冷的地方又会迅速下降到零下50度。对于人类而言，一旦体温过高或过低蛋白质就无法活动，而蛋白质停止活动也就意味着死亡。再说钢铁根本不能溶解蛋白质，蛋白质只能溶解于水，因此生命体可不能由钢铁而必须由水分构成。

我们之前就曾好几次提到过蛋白质，那么蛋白质到底是什么东西呢？

我们说过遗传基因是生命的设计图，那么这张图纸上具体都描绘了些什么东西呢？答案正是蛋白质！原来遗传基因就是制造蛋白质的图纸，换句话说，所谓生命设计图实际上就是蛋白质设计图。如此说来蛋白质就是生命，因为它引发了一切生命活动。

蛋白质的功能非常多，这里只介绍其中几种。第一，蛋白质是构成我们身体的基本物质。别说肌肉、内脏、皮肤等重要的人体器官，就连我们头发丝的主要成分也是蛋白质。第二，蛋白质平时几乎不会被当作能量来使用，可一旦我们体内缺乏碳水化合物或脂肪的时候，蛋白质就会立刻被分解为氨基酸，然后再生成能量之源ATP。第三，蛋白质在我们体内发挥着运输队的作用。我们之前说过血液中的红细胞能够携带、运送氧气，而红细胞所携带、运送的氧气恰恰就是附着在细胞中的血红蛋白上的。第四，蛋白质能够生成抗体。如果有病菌侵入体内，抗体蛋白质就会挺身而出驱逐病菌。第五，蛋白质发挥着启动感觉系统和传导人体感觉的作用。这种能够使人体细胞对外界刺激产生反应的特殊蛋白质叫作受体。正是蛋白质受体的作用使人体能够感知温度、气味等外界环境的刺激并做出相应的反应。第六，蛋白质能够调节我们体内的水分和酸碱度，使之始终保持平衡。第七，蛋白质还起着凝固血液的作用。

蛋白质的这张功能清单可以一直开列下去，上述几种只不过是观其大略，虽然都很重要，却还不包括蛋白质最重要的功能呢。记住，蛋白质最重要的功能就是"酶"的作用。几乎所有的生理活动都与酶有关。

酶是个媒婆

大家听说过媒婆吧？对，就是介绍未婚男女认识并撮合他们婚事的人。在过去比较保守的时代，未婚男女之间是很难直接见面的，所以就需要有一个了解双方家庭情况的人出面牵线搭桥。在那个时代，如果没有所谓媒婆的帮助，男女双方自行结合的成功率是很低的。

说到结合，同学们知道怎样才能把两根铁棍牢牢地结合在一起吗？用胶水肯定不行。我们得先把这两根铁棍首尾相连地放好，然后用高温熔化接触点才能使双方浑然一体。像这样结合金属的方法就叫作"焊接"。焊接需要耗费相当大的能量。反过来说，切割金属的时候也可以使用这种方法——用电焊机将原来的焊接点烧红，待焊点熔化后铁棍也就随之一分为二。和焊接一样，切割金属同样需要耗费很多能量。

可有时候我们无法获得足够的能量来使物质结合或分离，又或者是我们的能量足够却因为担心造成附带破坏而不敢使用，在这种情况下到底该怎么办呢？让我们来举一个在试管里进行化学反应的例子吧。假设我们实验的目的是将放置在试管里的A物质和B物质结合起来，使它们变成全新的物质AB。很显然，试管里不可能使用电焊机，我们只能用酒精炉去加热装有A物质和B物质的试管。可是仅靠这一点热能还不够使A和B发生化学反应以生成AB。这时候我们就可以使用"催化剂"——在化学反应中起着"媒婆"作用的物质——来帮忙了。所谓催化，顾名思义就是加速化学反应的进行，提高化学反应的成功率，也就是可以用较少的能量来实现化学反应。

化学反应不仅仅是在试管里发生，人体的细胞里也同样进行着化学反应。事实上，我们体内发生的所有活动都是化学反应。为了提高化学反应的效率，我们体内也有相应的"催化剂"，这就是被称为"酶"的特殊蛋白质。

前面说过，我们的胃主要负责消化蛋白质。胃里有两种分解蛋白质的酶，一种叫作胃蛋白酶，一种叫作胰岛素。胃蛋白酶和胰岛素能够将蛋白质分解为氨基酸，后者可以进入血液并被输送到细胞。如果胃里没有这样的消化酶，那么即使我们成天在吃山珍海味也无法消化利用。所以说，酶就是促进我们体内化学反应的媒婆。

说到这里，同学们不禁要问，既然胃蛋白酶和胰岛素也是蛋白质，那它们会不会把自己也分解成氨基酸啊？放心吧，这样的事情是绝对不会发生的。

酶是一把锁

　　酶是由几千个氨基酸组成的蛋白质，它圆球状的身形中间略微凹陷，看上去就像一把锁。只有与凹陷部位相吻合的凸状分子才能与酶结合，或者附着在那里，或者被分解。也就是说，酶只有遇到开启锁头的钥匙（凸状分子）时，才能起到催化剂的作用。

　　通常来说，一种化学催化剂能够促成无数种化学反应，可是人体内的每种酶都只能催化一种化学反应。也就是说，不同的化学反应必须由不同的酶来充当催化剂。多亏人体内有几千种酶，我们的生理活动才能被它们调节得非常精细。

　　酶不愧为出色的"媒婆"，只要我们体内始终保持充足的水分

和36.5℃的体温，它们就能在任何时候参与体内发生的任何化学反应。有时候它们也需要助手，充当助手的酶叫作"辅酶"，最典型的辅酶就是维生素。

分解脂肪、蛋白质和碳水化合物的是酶；生成ATP、复制遗传基因、制造蛋白质的也是酶。当然这是两种完全不同的酶。从这个角度来说，生命的过程就是在酶催化之下的一连串化学反应。我们之前说过，蛋白质就是生命，因为它既是一切生命活动的起点，也是一切生命活动的目的。那么，人体究竟是如何制造蛋白质的呢？

假定我们在制造一辆汽车。汽车的设计图保存在图书馆的抽屉里，我们需要查阅的时候就要到指定的抽屉去取。可是找到设计图以后我们还不能直接拿走设计图的原本，因为我们有可能会把它们弄丢或弄坏，那所有人的努力就都前功尽弃了。因此我们必须把它们复印下来，然后再将设计图的复印件拿到车间去生产制造。

制造生命（蛋白质）其实也是一样，以细胞来说的话，图书馆就相当于细胞核，抽屉相当于染色体，而设计图则是包含在DNA链条里的遗传基因。所以当我们需要遗传基因的时候，只要复制DNA就可以了。DNA的复印件叫作mRNA，这里的m是英文messenger的第一个字母，翻译过来是"信使"的意思，因此mRNA又被称为"信使RNA"。mRNA携带着DNA上的遗传信息，而人体的蛋白质工厂正是以此为模板来合成蛋白质的。

你们制造的东西真像一条拉链啊!

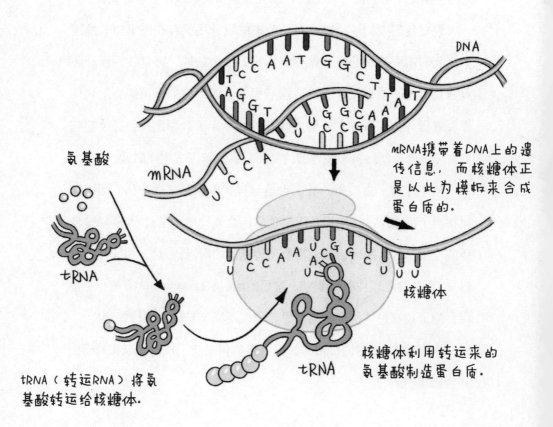

DNA

mRNA携带着DNA上的遗传信息, 而核糖体正是以此为模板来合成蛋白质的。

氨基酸

mRNA

tRNA

核糖体

tRNA（转运RNA）将氨基酸转运给核糖体.

核糖体利用转运来的氨基酸制造蛋白质。

tRNA

人体细胞中除了细胞核以外的部分都被称为细胞质，我们的蛋白质工厂"核糖体"就位于这里。核糖体会按照设计图复印件mRNA中的内容制造蛋白质。蛋白质是生命体的小小零部件，这些零部件会组合起来形成组织和器官，而这些组织和器官又组合起来形成完整的生命体。当然这是个非常复杂的过程，目前的科学技术还没有办法彻底揭示生命体形成的全部过程。但同学们想必都知道一点，我们是从妈妈的肚子里来到这个世界的。没错，制造完整的生命体还需要妈妈的卵子和子宫。

06

人类为什么比
黑猩猩聪明？

大脑容量越大就越聪明？

　　"看到公园里的小猫瑟瑟发抖就感到心疼"，"那条狗长得真凶"，"刚才走过去的那个女孩子真漂亮"，"那首歌真是悦耳动听"，"好香的米糕条味道呀"，"无论你说什么我都能明白"，"只要看一眼牌匾上的名字我就知道那是卖什么的地方"，"不用你告诉我也知道哪个在上面哪个在下面"，"不用扶我我也能一直走下去"……

　　在很多情况下，我们无须多作考虑就能感知到周围的环境并迅速做出反应。那么，到底是什么东西使我们能够随时应付各种情况呢？答案就是被坚硬的头盖骨所包裹的大脑。大脑是人体思维、记忆、情感的发源地，也是我们向身体各部位发号施令的指挥部。

　　人和黑猩猩是完全不同的动物，可如果追溯到700万年前我们就会发现，原来二者拥有同一个祖先。换句话说，这个祖先的后代有了人和黑猩猩两个分支。人与黑猩猩之所以会形成两个分支，直立行走是决定性的因素。

　　人类在长期的进化过程中渐渐发现，直立行走能够给自己带来很多方便。古人猿在四肢着地地行走时，由于草丛和树叶遮住了视线而看不到远方，他们经常会遭遇猛兽的袭击，情急之下只好爬到周围的树上以求自保。可因为在树上找不到充足的食物，无奈之下，他们只好又爬下树来在地面上觅食。然而，自从学会直立行走以后，古人猿的生活就发生了巨大的变化。他们的头部可以抬起来了，能够越过草丛瞭望远方，走在地面上也不用那么提心吊胆了。此外，既然由两只脚负责走路，两只手便获得了自由，于是过去仅用于爬树的手就开始制造和使用工具了。他们用石头做成了很多过去无法想象的事情，比如用锋利的石斧捕猎、用石刀剥下动物的皮以御寒，等等。四肢着地的时候，他们的脊椎与地面平行，头部连接在脊椎的顶端，因此走起路来总是左摇右晃；而学会直立行走以后，他们的头部"端坐"在脊椎上，再也不会随着步点儿而摇来摆去。渐渐地，他们的大脑容量开始增大，而随着脑容量的增大，人也变得越来越聪明了。人类进化至此，黑猩猩已经完全不是

对手了。

那么，大脑越大就越聪明吗？大脑的大小与聪明程度确实有关系，然而这并不是衡量生物智能的决定性因素。看看大象和鲸鱼，它们的头部大不大？是的，它们体形庞大，头部也很大，脑容量自然小不了。大象和鲸鱼确实很聪明：遇到干旱的季节，大象能记住自己曾经去过的几十公里以外的水坑，还能细心照料自己的孩子；鲸鱼也一样，它们能够认出久别的朋友并跟对方热情地打招呼，看到疲累的伙伴浮不出水面，健壮的鲸鱼还会用自己的身体托起对方，帮它浮到水面呼吸新鲜空气。

大象和鲸鱼的聪明当然得益于其硕大的脑容量，它们的大脑容量比我们人类的还要大上好几倍。如此说来，大象和鲸鱼是不是比人类还要聪明呢？事实并非如此。大象和鲸鱼既不会制造电脑，也不会登陆月球；既不会种庄稼，也不会做衣服。这就说明，光凭大脑容量这一个因素还不能决定聪明程度。

我们往往把动物的聪明程度叫作"智能"，实际上就是"认知能力"的意思。智能的高低并不取决于大脑本身的大小，而是取决于大脑在整个动物身体中所占的比例。从这个比例上看，人显然要比大象和鲸鱼聪明得多。

那么黑猩猩与人相比又如何呢？人的大脑容量比黑猩猩大，体格也比黑猩猩大。而相比之下，人的大脑在整个身体中所占的比例

却并没有黑猩猩大。于是科学家们又遇到了一个难题：人类究竟凭

什么比黑猩猩聪明得多呢？

问题在于怎么连接

　　在散步的路上遇到一堆狗屎，我们会做出什么反应呢？当然，会绕过去。我们为什么会做出这样的反应呢？如果对这个在电光石火之间做出的决定进行仔细分析的话，我们会发现这一反应必然包括了以下这些步骤：眼睛率先发现狗屎，然后大脑发出指令"狗屎是脏的，应该绕过去"，紧接着我们的双腿就改变了行进方向，绕过狗屎继续散步。眼睛、大脑、双腿的作用各不相同，可它们又是紧密联系在一起的。想要绕道而行，我们的身体里就必须有什么东西能够把眼睛看到的信息传递给大脑，同时将大脑的命令传递给双腿。没错，人体中负责传递这种信息和命令的就是神经细胞。

人体中别的细胞基本都是圆形的球状物，可神经细胞却是长长的线状物，它们像通信电缆一样输送着各种信息，将人体的感觉器官、大脑和运动器官紧密地联系在一起。正因如此，我们才能迅速、准确而又协调地做出各种判断和动作。

　　我们的大脑里既没有感觉器官也没有运动器官，可由于神经细胞密集，大脑变成了一个接收讯息和发出指令的通信总部。人的大脑里平均有860亿个神经细胞，不是860个，而是860亿个！其中的690亿个存在于大脑后部的小脑之中，因此小脑才能够精细地调节运动机能。还有160亿个均匀地分布在大脑外层的大脑皮质上。大脑皮质是与人的思考相关的部位。最后剩下的10亿个则散落在大脑的其他部位，这10亿个神经细胞控制着人的记忆力、想象力、学习能力和道德感等。

　　一开始，科学家们认为人之所以比黑猩猩聪明，是因为人的大脑容量比黑猩猩大，之后他们又把研究的重点放在了神经细胞上。他们认为黑猩猩的神经细胞肯定要比人类少得多，然而研究之下却发现，人类神经细胞的数量只比黑猩猩多出了那么一点点。这样看来，人的大脑容量虽然比黑猩猩大，可大脑和身体的比例却不占优势，而且神经细胞的数量也并没有占到什么决定性的优势，那么人为什么会比黑猩猩聪明得多呢？

　　现在，就让我们来研究一下信息传播的方式问题吧。假定如今有一条信息将要传达给10个人，第一个人给第二个人打电话，第二个人又给第三个人打电话，以此类推。像这样以"①→②→③→④→⑤→⑥→⑦→⑧→⑨→⑩"的方式单线联系，这条信息的传达至少需要拨打9次电话。可如果第一个人将这条信息用微信的方式群发给了其他9个人，那么信息传播的方式就一下子变成了①→⑩。如果把①看成是电视台，那么收到那条信息的就不只是10个人，而是成千上万的人。

大家注意到问题所在了吗？连接的网络越大、范围越广，信息传播就越快，黑猩猩与人的本质差异就在这里。人脑中的神经细胞比黑猩猩脑中的神经细胞连接得更充分，这才是人类比黑猩猩聪明的根本原因。所以说决定智能高低的因素既不是大脑的容量也不是神经细胞的数量，而是神经细胞之间的连接程度——问题就在于怎么连接。

所有的一切都通向大脑

人们常常因为失眠而痛苦。如果这个时候给大脑下达命令："主人命令你现在立刻进入睡眠状态！"大家觉得会不会管用？当然不会，我们还是得翻来覆去地折腾好一会儿才能渐渐入睡。可这是为什么呢？大脑为什么不肯听从指令让我们立刻安睡呢？

其实这就是电脑与人脑的差异。电脑里有一个核心部件叫作CPU，即"中央处理器"，负责处理所有的指令和数据。因此，CPU的性能就是电脑的性能，只要掌握了CPU就能控制电脑。

如果说人体中也有CPU的话，那只能是我们的大脑，因为大脑控制着感觉、思考、记忆、动作、良心等一切人类的情感和行为模式。那么我们能不能控制大脑呢？不可能。大脑不会因我们发出入睡的命令而休眠。大脑虽然只有一个，可那里面分布着几百万个小CPU，其中有些CPU并没有主导权，只是各守一方，各司其职——有的负责心脏跳动，有的负责肺部呼吸，有的负责体温维持，有的负责良心发现——促使我们去帮助有困难的人。可以说，这无数个小CPU连接起来形成了我们的大脑，它们通过一种极其复杂而有效的机制协同作战，精密地控制着我们的身体和情感。如果科学家们能够彻底弄清人类大脑运行的机制，那他们就可以将其应用于医学、生物学、人工智能和机器人研发等诸多领域，以更好地造福人类了。

虽然现代科学技术已经发展到了很高的水平，我们仍然没有制造出完全像人一样的机器人。举个简单的例子，人类行动的时候不必在每走一步之前都向腿脚发出一条命令，关节和肌肉的活动也是在无意识的状态下迅速而有效地进行，我们的四肢能够在一瞬间灵活、协调地完成精确的动作。可机器人就做不到这一点，它们连弯曲膝关节都要按照固定的程序进行，因此它们尽管像人一样拥有两条腿，可是走着走着就会被自己绊倒。即使电脑程序设计得再精密，机器人的关节活动还是无法像人类那样流畅自如。

后来有位科学家做了一次新的尝试，他在机器人全身安装了许许多多的摄像头，还在机器人脚底下安装了轮子，然后要求机器人遇到墙壁等障碍物就自行改变方向绕道而行。然而，那位科学家并

没有按照常规给机器人安装一个电脑CPU，而是用老鼠的脑细胞取而代之。他用电缆将机器人身上的摄像头和老鼠的脑细胞连接了起来，一旦摄像头"看"到墙壁便会将这条信息通过电缆传递给老鼠的脑细胞。结果令人大吃一惊，老鼠的脑细胞竟然真的向机器人的轮子反馈了"前面有墙壁，需要绕道走"的信息。人们这才明白，原来在脑科学研究的基础上，生物工程完全可以和机器人制造结合进行。

我们期待在不远的将来就会出现使用生命体脑细胞的机器人。可目前我们对大脑的研究还远远不够，还需要大量的研究和长时间的实践。

在这一章的结尾我们不妨再提出一个疑问：如果真的有外星人，同学们觉得他们是不是也跟地球上的生命体一样拥有大脑呢？

第二章

生命科学领域
的巨匠们

发表"自然选择学说"的查尔斯·达尔文

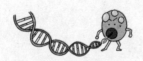

沉迷于甲壳虫的少年

改变人类历史的科学书籍到底有多少本呢？我认为迄今为止共有四本。下面我给大家做一下简单的介绍。

第一本是尼古拉·哥白尼于1543年出版的《天体运行论》。哥白尼的名字和这本书的名字大家可能都听说过。过去人们都认为地球是宇宙的中心，可这本书却认为，即使不把地球看成宇宙的中心也可以解释天体的运行方式，如果把太阳看成宇宙的中心则能够更加合理、清晰地说明这一点。

第二本是伽利略·伽利雷于1632年出版的《关于托勒密和哥白尼，两大世界体系的对话》。直到那个时候，人们仍然没有接受哥白尼提出的日心说。为此，伽利略把主张地球是宇宙中心的"地心说"和主张太阳是宇宙中心的"日心说"进行了一番比较研究，并最终揭示出"日心说"的正确性。

第三本是艾萨克·牛顿于1687年为揭示"万有引力定律"而出版的《自然哲学的数学原理》。在这本书里，牛顿揭示出不管是我们生活的地球还是整个宇宙都在以同样的原理运行。

这三本著作都在人类历史上产生过重大影响，可现在几乎没有什么人会专门去翻阅它们了。由于这些著作的撰写年代都很久远，读起来有一定难度，部分细节也和今天的科学认识存在着偏差，再加上我们现在学习的物理学、天文学等学科里都已经包含了这些著作的基本内容，因此除了研究科学史的专家之外，一般读者也的确没有太大必要再去翻阅这些古籍了。

可最后一本书却不一样，那就是查尔斯·达尔文于1859年出版的《物种起源》。至今还有很多人在阅读这本书，并从中获得新的灵感。那么，在150多年前撰写了这样一本世界名著的查尔斯·达尔文到底是个怎样的人呢？

达尔文小时候是个非常独特的孩子。虽然在八岁时失去了母亲，可他在姐姐、哥哥和父亲的关爱下度过了幸福的童年。那时候的达尔文是个淘气包，最不愿意做的事情就是上学念书。当时的学校主要是讲授神话、历史、希腊文、拉丁文、古希腊和古罗马文学

等古典课程，这对天真烂漫的孩子们来说无疑是个很大的负担。达尔文尤其厌恶这些课程，他特别喜欢科学实验和观察大自然。

每到假期，达尔文都会在自己家中的实验室里与哥哥一起进行化学实验，同时还要到野外去捡岩石、掏鸟窝、捕捉小动物。达尔文的父亲是当时一位很有名的医生，他对小儿子的这些兴趣并不支持，也曾对达尔文大动肝火："整天打猎逗狗抓耗子，长大以后你到底想干什么？照这样下去，你只会成为一个给整个家族抹黑的败家子！"

最后，达尔文还是进了医科大学。达尔文上医科大学绝不是为了继承爷爷和爸爸的事业去做一位有名望的医生，而是在爸爸逼迫下的无奈之举。本来他就不是自愿的，因此上了大学也不可能专心读书。对达尔文来说，医科课程的枯燥程度不亚于古典课程，他完全没兴趣，再说他还特别害怕看到血。由于当时还没有发明麻醉药，手术过程是非常残酷血腥的，哪怕是截肢手术也只能在无麻醉的状态下进行。有一次，达尔文目睹了一个受重伤的孩子痛苦地接受截肢手术的过程，手术还没有结束，他便跑出了手术室。从此，达尔文更坚定了不当医生的决心，并果断地从医科大学退学了。

看不惯达尔文成天无所事事的样子，父亲又把他送入了神学院。父亲真是用心良苦，因为如果达尔文能够顺利成为神父，便既能衣食无忧且拥有一定的社会地位，又能抽出时间去做自己喜欢的事情，比如捉捉甲壳虫什么的。可神学院仍然不对达尔文的胃口，他还是在野外跑来跑去地观察自然、捕捉甲壳虫。

　　有一天，达尔文捕捉到两只稀奇的甲壳虫。正当他一手捏着一只走在回去的路上时，他又发现了一只更为珍稀的甲壳虫。这下可急坏了达尔文。那只甲壳虫必须捕捉，可眼下两只手里都握有猎物，怎么去捕捉第三只呢？情急之下，达尔文将手里的一只甲壳虫扔进了嘴里。没想到这下可让他吃足了苦头。原来他扔进嘴里的那只甲壳虫是会从尾部喷出刺激性臭味的"放屁虫"。结果达尔文闹了个鸡飞蛋打，第三只虫子当然没捉到，就连原来的两只甲壳虫也都给弄丢了。

"小猎犬号"航海记

　　达尔文念书的神学院里有一位名叫亨斯洛的植物学教授，他是达尔文最为尊敬的教授。达尔文喜欢听亨斯洛教授讲授植物学，并经常与他散步聊天。教授发现达尔文虽然对神学课程不怎么上心，可也是一名非常聪明的学生。而在达尔文心目中，亨斯洛教授就是自己的榜样，他决心将来一定要成为像教授那样的植物学家。

　　有一天，达尔文读到了一本书，那是德国自然史学家、探险家亚历山大·冯·洪堡记录自己南美洲探险经历的《宇宙》。这本书令达尔文爱不释手，并决定有朝一日自己也要去南美洲探险。为了帮助达尔文早日实现自己的南美洲探险梦，亨斯洛教授建议他多掌握一些地质学方面的知识，并给他介绍了亚当·赛吉威克教授。赛吉威克教授是当时在古生代地质研究方面颇有权威的地质学家。达尔文与赛吉威克教授一起发掘、研究岩石和化石，从中积累了丰富的自然史知识。功夫不负有心人，已经做好了充分准备的达尔文终于等来了属于自己的机会。

18世纪下半叶开始的工业革命使当时的英国已成为了世界第一强国。而自从南美大陆从西班牙和葡萄牙的统治下取得独立之后，英国便对这块肥沃的土地垂涎三尺，想方设法要与南美洲建立贸易关系。要建立贸易关系首先就要对这块神秘的大陆进行深入研究，于是英国海军决定派出"小猎犬号"军舰前往南美从事相关研究活动。恰好当时"小猎犬号"的舰长向亨斯洛教授求助，请他给自己物色一名航海期间能够与自己聊天做伴的"年轻书生"，亨斯洛教授便立即推荐了达尔文。虽然是以自然史学家的身份登舰，可达尔文不仅拿不到一文工钱，反倒要缴纳巨额的旅行费用。于是达尔文只得向父亲求助，父亲却说那只是浪费时间而已，不同意达尔文远航。最后多亏舅舅伸出援手，达尔文才勉强登上了"小猎犬号"。

"小猎犬号"的任务是测绘精确的地图，而达尔文的任务则是详细记录南美洲的自然状态。南美洲的大自然美不胜收，与洪堡在《宇宙》一书上记录的一样令人陶醉。达尔文完全被神奇的南美大陆给迷住了。由于严重晕船，达尔文很多时候并没有与"小猎犬号"同行，而是独自沿着南美洲的海岸线进行徒步旅行。

在旅行期间，达尔文收集了大量的昆虫和动物标本并定期邮寄给亨斯洛教授。南美有很多在欧洲根本看不到的东西，他还发现了不少动物化石，其中也包括已经灭绝了的动物化石。达尔文还惊奇地发现，从那些化石来看，有些远古动物与现今仍然存在的动物非常相似，比如大地懒的化石与现在树懒的骨骼就很相似。当时达尔文就认定"这些生物肯定与南美洲现存的动物有着某种关联"。

南美洲有一条南北走向的安第斯山脉，山脉又高又大。一天，达尔文登上海拔2000多米的高处，在那里意外地发现了很多贝壳化石。于是达尔文断定，这座大山是从海洋深处隆起的。

"小猎犬号"的航行时间原定为两年，可从南美大陆绕行一圈抵达离厄瓜多尔西海岸1000多公里的加拉帕戈斯群岛时就已经花费了三年时间，而穿过太平洋再绕过非洲回到英国时，整个航行已经足足花去了五年的时间。"小猎犬号"航海过程中最重要的地方是达尔文停留了一个多月的加拉帕戈斯群岛。加拉帕戈斯群岛真是个神奇的地方，那里的动物根本不怕人，人走近身旁鸟儿也不飞走，所以经常发生飞禽被一棍击倒的现象。那里还有巨大的海龟。

"群岛"是指由一连串的岛屿所组成的地形。加拉帕戈斯群岛由19座大小岛屿组成，那里的动植物虽与南美洲大陆的相似，可仔细观察还是有很多不同之处。加拉帕戈斯群岛每一座岛屿上的乌龟都不相同。当时达尔文只是将这些情景原原本本地记录下来，并没有考虑为什么那里的动物与大陆上的不同，甚至是岛与岛之间也不相同。由于被神奇的大自然彻底迷住了，当时的达尔文来不及进行冷静理性的思考。后来英国的贸易船只要渡过太平洋之前都会先路过加拉帕戈斯群岛捕捉大乌龟，以便在漫长的航行中食用。"小猎犬号"也曾装载了好多大乌龟。达尔文将几只大乌龟带回了英国，其中一只被英国政府送往澳大利亚某公园了。据说，这只乌龟一直活到了2006年！乌龟真不愧是长寿动物啊！

从加拉帕戈斯群岛出发之后，又经过了五个月的航行，达尔文到达了澳大利亚，并在那里看到了袋鼠、鸭嘴兽等新奇动物。直到这时，他才开始考虑为什么这些动物只在这些地方存在的问题。

加拉帕戈斯群岛

平塔岛

伊莎贝拉岛　　马切纳岛

赫诺韦萨岛

圣萨尔瓦多岛　　达夫尼岛

费尔南迪纳岛

巴尔特拉岛

巴托洛梅岛

平松岛

圣菲岛

圣克鲁斯岛

圣克里斯托瓦尔岛

普拉斯岛

圣玛丽亚岛　　西班牙岛

撰写《物种起源》

　　在达尔文航海的这五年期间，亨斯洛教授一方面将达尔文邮寄来的动物标本展示给自然史学家们看，另一方面则将与达尔文的全部通信编纂出版。多亏了亨斯洛教授的努力，回国后的达尔文发现自己已经成了知名人物。达尔文收集的标本共有5436件，回国以后他连气都来不及喘便立刻投入了对标本的整理研究工作中，并定期在地质学会上发表研究结果。当时，人们普遍认为达尔文是一位很有能力的地质学家，而并没有认为他是位生物学家。

　　"南美洲大陆周边的海平面在过去的几百年间一直在下降，而南美洲大陆却在不停地隆起。大陆的海拔高度发生变化导致了气候的变化，于是生活在那里的动植物为了适应气候的变化也发生了不同程度的变化。"

这就是达尔文发布的令人耳目一新的理论。在此之前，人们只相信如果气候变化导致了某种动物灭绝，那么上帝就会安排另一种动物来填补那个空缺。

达尔文在加拉帕戈斯群岛捕捉了很多鸟类。当时有一点他始终弄不明白：群岛上的每座岛屿都相隔不远，可有的岛上全都是麻雀，有的岛上全都是鸫鹩，还有的岛上全是锡嘴雀。为什么每座岛上都生活着不同的鸟儿呢？把鸟儿的标本寄回英国以后，一直忙于收集其他动植物标本的达尔文便把这个疑问抛在了脑后。后来一个偶然的机会，他从一位鸟类学家朋友那里听到了一个令人惊讶的消息：加拉帕戈斯群岛上的那些鸟类看似不同实则都属于雀类，只是由于它们的身材大小和喙的形状不同而让人产生了错觉，以为它们分属不同的鸟类。那些鸟儿中有的喙又细又尖，有的则又粗又短；有的稚嫩柔弱，有的则坚硬有力。

鸟类学家认为，雀类的喙之所以形状不同，与它们的食物有很大的关系。那些鸟儿原本都长得一模一样，可由于每座岛上的食物不同，鸟儿的喙便在长期啄食不同食物的过程中各自发生了变化，变成了今天这种各不相同的形状。

由此，达尔文认识到，动植物并不是一成不变的，它们的外形

叶子

水果

昆虫

草籽

虫子

使用工具

雀类不同形状的喙

会随着世代的更换而发生变化。世代指的是生命传承繁衍的过程，以我们人类来说，就是从爷爷到爸爸到我们再到我们的子女这个传承顺序。同学们还记得吗？达尔文在成为自然学家之前曾经学习过神学，所以他对动植物的演变有一种特别的兴趣。

"上帝是公平的，他赐予了所有动物同样的外形，可这些岛屿上的鸟儿为什么各不相同呢？为什么袋鼠和鸭嘴兽只在澳大利亚生存而在别的地方却看不到呢？难道这些动物长期生活在远离大陆的孤岛上，其外形便发生了变化？这些不同种类的动物是不是同一个祖先的后代呢？"

对达尔文来说，这些想法都仅仅只是想法而已。在当时的条件下，他怕受到人们的嘲笑和攻击，不敢公开发表这些言论，于是常常独自一人陷入冥思苦想之中。科学本来是需要大家一起研究讨论、互相启发的学问，可达尔文总是孤军奋战，对自己的问题也就拿不出什么像样的答案。

过了很长时间后，达尔文的脑海里又浮现出一个奇异的想法：当动物们争抢食物时，往往是强者生存弱者淘汰，这正是物竞天择的"自然选择"。

"环境变化了，生物也必须跟着变化。只有能够适应环境的生物才能继续生存下去，否则就会被淘汰，这就是所谓的'适者生存'。看看化石我们就会发现，有不少物种已经彻底灭绝了。看来谁死谁活根本就是大自然的选择。"

这期间，达尔文已经娶妻成家并生下了10个孩子。可他一直没有公开自己的研究，只是向几个最亲密的科学家朋友透露过这一极具革命性的思想。

1858年的某一天，达尔文突然收到了一封来自马来西亚的信件，寄信人是一位名叫威利斯的年轻自然史学者。信的主要内容是说威利斯已经发现了"自然选择学说"，想跟达尔文共同商榷交流。看到信件，达尔文顿觉五雷轰顶，自己几十年来的心血有可能一夜之间就变成了另一个年轻人的研究成果。无奈之下，达尔文向朋友们袒露了心事。朋友们都知道达尔文很早以前就已开始研究所谓的"自然选择学说"了，于是齐心协力帮助他发表了相关论文。

到了1859年，达尔文终于将自己的研究内容整理汇编并推出了个人专著《物种起源》。这部作品的重要意义是无论如何强调也不过分的。

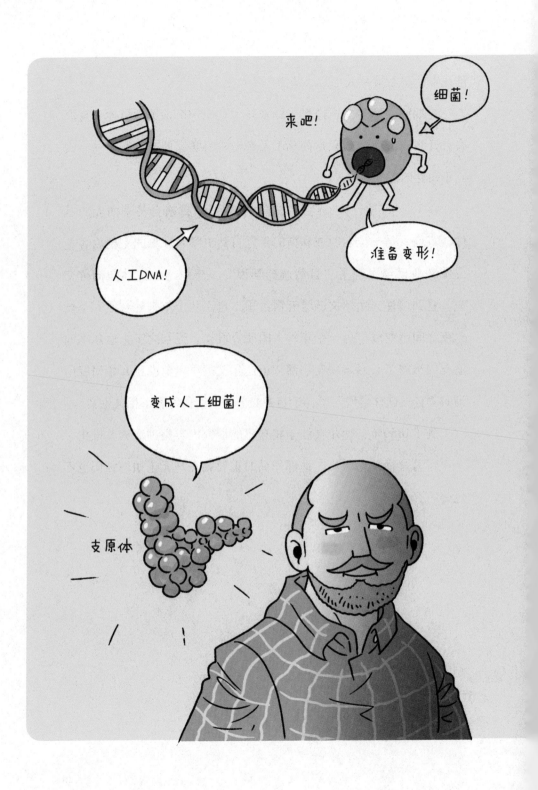

开拓合成生物学领域的克莱格·文特尔

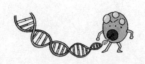

人类基因组工程

　　想必大家都知道史蒂夫·乔布斯吧，他是一位改变了信息技术
发展历史、改变了我们生活方式的伟人。他把个人电脑大众化，发
明了只需点击鼠标就可以轻松操控的简易电脑程序，用苹果便携式
多媒体播放器改变了整个音乐产业，用苹果手机改变了世界手机市
场的格局，又用苹果iPad电脑开创了平板电脑的新纪元。可他也是
一个性格孤僻的人，动不动就开除自己的员工，甚至生了病也不肯
吃药。对这个人的评价众说纷纭，他到底是天使还是魔鬼我也弄不
清楚，可有一点是肯定的，他无疑是信息技术领域的一代枭雄。

　　现代生物学界也有一个像史蒂夫·乔布斯那样的人，他就是克莱格·文特尔。文特尔以"人类基因组计划"成名，现在又致力于开拓合成生物学这一崭新的领域。

大家还记得我在第一章第四节中讲过的内容吗？"在保存生命设计图的图库中，染色体的数量因生物种类的不同而有所不同。比如人类拥有23对染色体，豌豆拥有7对染色体，水稻拥有12对染色体，果蝇拥有4对染色体，猪拥有19对染色体，黑猩猩拥有24对染色体，狗则拥有39对染色体。"那么人类到底有多少种染色体呢？

因为我在前面说过人类拥有23对染色体，所以大家就认为是23种吗？好好想想，我还说过人类拥有22对常染色体和1对性染色体。成双成对的常染色体有22种，而性染色体则包括X染色体和Y染色体，也就是说，人类其实拥有24种染色体。如此推算下来，猪其实拥有20种染色体，而狗则拥有40种染色体。

生命所需的所有遗传基因信息叫作"基因组"（genome），请大家记住，是每一个生命体内部所有遗传基因的总和才被称作"基因组"。

人类基因组指的就是每个人体内全部24种染色体所包含的遗传基因的总和。我们说过，染色体由包含遗传基因的DNA链条组成，可事实上DNA链条中只有3%是蛋白质设计图，其他的或者是没用的垃圾，或者是对遗传基因起调节作用的物质，还有更多的未知部分仍有待科学家的探索。

生物学家们很想弄清组成人类基因组的全部遗传基因，他们认为，只要弄清这一点就可以治疗像白血病、老年痴呆症等因遗传基因异常而引发的顽疾了。我们讲过，遗传基因是由A、T、G、C四个英文字母来标记的。生物学家们便试图从这一组"密码"着手，分析和解读人类基因组的全部内容。

　　然而，人类基因组的全部"密码组合"（也就是专业术语中所称的碱基对）居然多达30亿个，仅凭几位科学家的努力简直是杯水车薪。于是1990年，美国、英国、法国、德国、日本和中国的顶级科学家决定携手攻破这一难关。这个合作项目的名称就是"人类基因组计划"，该"计划"原定于2005年完成。

对遗传基因也能申请个人专利？

　　文特尔也曾是"人类基因组计划"的一员，可后来他离开这个组织自己成立了"塞莱拉基因公司"，开始独自解读人类基因组。由于他发明了一种使用超级电脑来进行基因测序的方法，因此解读速度远高于"人类基因组计划"。

　　但如此一来便使其他科学家陷入了不安之中。他们为什么会感到不安呢？对基因组的解读速度越快不就越有利于对顽疾的治疗吗？是不是出于他们的自尊心呢？自尊心当然是一个原因，但更重要的原因是，"人类基因组计划"的科学家们认为遗传基因信息不应属于某一个人，而应该是全人类的共同财产。"人类基因组计划"将自己的研究成果完全向社会公开，任何人都可以将其运用于其他研究或治疗；可企业家的想法就不一样了，成立基因公司的最终目的就是要申请遗传基因专利然后出售相关信息以获取利润。

试想一下，如果有个人发现了引发白血病的遗传基因并拿到了专利，那么治疗白血病的医院每次对患者进行治疗时就都要花钱购买他的专利，患者的医疗费用也自然水涨船高了。事实上，专利的保护范围应该是新发明和新创造，而遗传基因是自然界早已存在的

东西，因此根本谈不上什么专利保护。美国的法院也的确在2013年6月判定，遗传基因属于非专利保护对象。

可在"人类基因组计划"开展研究工作的当时，关于是否应该申报专利的问题人们还并没有达成共识。由于发现遗传基因需要耗费大量的精力和财力，很多人都觉得为了科学发展而申请专利是理所应当的事情。为此，"人类基因组计划"的科学家们为了阻止文特尔先拿到专利而加快了自己的研究步伐。最终，他们和文特尔同时发表了研究成果。多亏了双方激烈的竞争，原定于2005年完成的"人类基因组计划"提前5年完成了。

生物学家们曾经以为，只要"人类基因组计划"获得成功，就可以立即利用遗传基因疗法来治疗各种疑难病症了。可如今15年过去了，我们仍然没有听到相关的消息。这说明，人类要征服病魔还不能仅仅依靠对基因组的解读。说到这里，我想同学们也许会有些失望。可大家不要泄气，知道这个道理也算是一种收获嘛。科学要发展，我们就必须付出更大的努力。

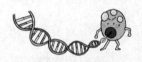

合成生物学是危险的领域吗？

通过人类基因组工程，克莱格·文特尔成为了世界性的新闻人物。他虽然没有如愿以偿地获得遗传基因专利，却从未退出过学界和公众的视野，他就是这么一个我行我素的"科学狂人"，天生的头版人物。2010年5月，他宣布自己已成功制造出了世界上第一个人工生命体。当然，他制造的不是猴子、青蛙、甲壳虫等动物，而是微生物。

文特尔首先合成了"生殖支原体"细菌的DNA。人体拥有25000个遗传基因，与之相比，细菌是只拥有580个遗传基因的微生物，而且细菌的基因组也早已被人们所解读。

文特尔将细菌的遗传基因复制下来，然后在制造出细菌的DNA之

后将其植入另一个内部被掏空的细菌体内。最终，被植入人造DNA的细菌体重新获得生命，并开始在实验室的培养皿中被繁殖。随即，文特尔激动地向全世界宣布："这是第一个人造细胞，这是地球上第一个父母是电脑，却可以进行自我复制的物种！"

难道这就算生物合成？合成遗传基因无疑是一项划时代的创举，可遗传基因毕竟不是生命，仅仅是生命的设计图而已。在他的实验中，最终所获得的那个所谓人造细胞中除了DNA之外，细胞的其他部分如蛋白质、细胞膜、细胞质等都是现成的，并非来自他的创造。因此，很多科学家认为文特尔仅仅是"定制"了一个细菌，而并没有证明人工合成的DNA能够变成事实上的生命体。

尽管如此，合成生物学领域还是具有很大潜力的，很多科学家纷纷加盟这个领域，使之得到了快速发展。然而，人类的高科技并非总是给我们和我们的生态环境带来益处，合成生物学同样存在着很多被误用、被滥用的危险。有些科学家担心在实验室里制造出来的人工细菌会被用于恐怖袭击，也有些科学家担心当这些人工细菌散播到自然界后会产生极为严重的生态灾难。

可是有一点我们一定要有清醒的认识，就合成生物学而言，我们既不能因为它是新型的尖端科学而无条件地接受，也不能因为它存在一定的未知因素而全方位地否定。任何一门科学都是通过反复实验和观察而逐渐发展起来的，合成生物学当然也不例外。

文特尔既是杰出的科学家又是精明的企业家，他还有好大喜功的毛病——明明自己只是完成了遗传基因的合成，却偏要对外声称制造出了人工生命体。不过，仍有不少人对文特尔寄予厚望。他们指望的就是文特尔的"生物燃料"计划。

　　"生物燃料"是指以生物体组成或萃取的燃料。人类目前最常使用的石油、煤炭等燃料是由古代生物的残骸生成的，因此也叫作"化石燃料"。化石燃料的生成需要很长很长的时间，而且数量有限，所以我们说化石燃料是一种不可再生的能源。不仅如此，使用化石燃料还会排放二氧化碳，加剧温室效应。与之相反，生产某些生物燃料可以大量消耗大气中的二氧化碳，因此不仅能够提供清洁能源，还会对气候变化产生积极的作用。这就是目前科学家们热衷于研发生物燃料的原因所在。

　　眼下，科学家们将目光转向了绿藻类。绿藻类是以叶绿素进行光合作用的植物，它的成长全靠对二氧化碳的吸收，生长速度非常快。在同等面积下，养殖这种植物的收获比种植玉米要多出16倍。

　　文特尔是从2009年开始研究绿藻类的。他收集了绿藻类的450种遗传基因，试图合成适合于充当生物燃料的微生物。文特尔的生物燃料到底能否给人类带来福音，科学界正拭目以待。从长远来看，我想前面提到过的基因疗法、生物燃料等课题能否结下丰硕的果实，还要看同学们的研究和努力了。

第三章

生命科学，
我的趣味知识
辞典

01

生命是从什么时候、什么地方开始的?

地球的年龄已经有46亿岁，生命的历史也已经有38亿年之久。我们说过有水才能有生命，所以地球上的水就是38亿年前生成的。

地球上最早出现的生命是我们用肉眼根本看不到的微生物。至于地球上最早的生命是如何诞生的，这问题恐怕谁都答不上来。有些人认为地球上的第一条生命是从宇宙乘坐彗星飞过来的外星生物，可即使真的是这样也无法解释生命起源的秘密。即使真的有微生物乘坐彗星来到了地球，那它也应该有个出生的地方呀！

也有一些人曾将空气中的某些特定成分盛在容器里以雷击的方式来观察会不会导致生命诞生，可没有一位科学家相信生命会是以这种方式诞生的。

绝大部分科学家认为生命生成于大海深处。在浩瀚的大海深处有不少喷发地热的地方，其温度竟然高达400℃。一般人都认为这样的地方不可能形成生命，可后来科学家们发现，恰恰是这样的地方生存着无数种生命。所以科学家们推测，地球上最早的生命正是利用海底深处的这种地热而诞生的。

后来，这些生命浮游到能够照到阳光的海洋表面并通过光合作用向地球提供氧气。它们在20多亿年前生成了能够产生能量的细胞，大约在10亿年前分类为两性，而在约5亿年前生成了有眼睛的生命体。我们人类诞生的时间只不过是700万年前的事情。在生命的历史中，人类的诞生时间最晚，真可谓是生物界的"小弟弟"了。

进化学是门非常重要的学问，这门学问虽然隶属于生物学和地质学，可很多宇宙生物学家也在研究进化学。进化学对经济学、政治学、心理学等其他学科也都产生了很大的影响。

为什么说煤炭是不可再生的资源呢？

地球上是树木诞生在先还是鲨鱼诞生在先？大家是不是觉得树木比鲨鱼诞生得早？因为鲨鱼是复杂的动物，而树木是简单的植物。事实并非如此，树木生成于35000万年前，而鲨鱼则在4亿年前就已经统治了海洋。

35000万年前，地球上的温度非常高，空气中的二氧化碳含量也非常高。温度和二氧化碳含量高有利于光合作用的进行，因此当时的地球是个对于植物生长来说再适宜不过的星球。大家知道什么是光合作用吧？对，就是植物细胞中的叶绿素利用阳光在二氧化碳和水分的帮助下制造养分的过程。植物在进行光合作用的时候也会释放出氧气。

当时地球上的植被非常葱郁茂盛，到处都是参天大树。可由于这些树木是刚刚诞生不久的植物，因此只有发达的树干却没有牢固的树根。

于是只要山顶上有一棵大树倒下去，那么下面的树木也会一连串地被那棵树木撞倒，山谷里便到处都堆满了连根拔起的树木。根部都裸露在外了，树木当然就会死去。

树木死了会怎么样呢？如果是现在它们当然都会腐烂，可在35000万年以前，即使是死去的树木也不会腐烂，因为当时还没有生成能够腐蚀枯木的细菌。死去的树木长期受到热量和压力的作用，最后变成了我们现在使用的煤炭。从地质年代来看，煤炭只生成于石炭纪，因为石炭纪之前地球上根本没有可变成煤炭的树木，而石炭纪以后则出现了能够腐蚀树木的细菌。

　　细菌虽然是我们用肉眼看不到的微小生物，可就是这种微小的生命体统治了地球很长时间。研究细菌的微生物学与各个产业部门之间有着千丝万缕的联系，因此学好微生物学有很广的就业空间。

到底有没有人见过恐龙？

我自出生以来看过的第一部电影是《洪荒时代》（又名《恐龙百万年》），这是一部讲述人类被恐龙追杀的恐怖片。可这世上真的发生过这样的事情吗？

我们很多人都见过恐龙，可我们见到的都是恐龙的化石——骨骼化石、脚印化石、粪便化石，等等。事实上，人类根本不可能见到恐龙，因为恐龙和我们人类是生活在不同地质时代的生命体。我们之前说过，人类的诞生大约是在700万年以前，而那时候恐龙早已灭绝了。恐龙的生存年代大约是在距今24500万年前—6500万年前。在地质学中，这个年代被称为中生代，中生代又分为三叠纪、侏罗纪和白垩纪三个时期。

大家有没有想过，恐龙的身材为什么那么庞大呢？研究这一类问题的人叫作古生物学家，他们是专门研究人类诞生之前的各种生物的科学家。据他们讲，恐龙之所以拥有庞大的身材，就是为了维持自己的体温。

蛇、乌龟、鳄鱼、变色龙等爬虫类动物是冷血动物（又称变温动物），到了夜间体温一下降便不能自由活动，只有在阳光照射的白天它们才能恢复体温进行正常活动。恐龙也属于爬虫类动物，到了夜间其体内的血液也会开始降温。恐龙要想生存下去，就得想方设法维持正常的体温，而体温往往是通过皮肤散发出去的，如果身体的体积足够庞大，皮肤面积相对于体积来说比例小一些的话，便会有利于保存体温。换句话说，身材越大越易于保存体温，所以恐龙才会拥有如此庞大的身躯。那么，幼小的恐龙是怎么维持体温的呢？原来小恐龙的身上有很多羽毛，这种羽毛既能维持体温，也能在奔跑时用来减速，甚至还能在跳跃的时候充当降落伞。据科学家考证，地球上所有的鸟类都是恐龙的后裔。

　　遗憾的是，目前全世界只有100多位恐龙学家。同学们愿意加入他们的行列吗？

04

黑猩猩是我们的祖先吗?

黑猩猩变成人类到底用了多长时间呢？1万年？100万年？1亿年？对不起，黑猩猩永远都不会变成人，因为它根本不是我们人类的祖先。所谓人类是黑猩猩的近亲，这句话的意思是说黑猩猩和人类拥有共同的祖先，但绝不是说人类是从黑猩猩进化而来的。那个共同的祖先既不是人类，也不是黑猩猩。

最早的人类是在非洲诞生的，是一种叫作"南方古猿"的猿人。由于他们被发现于非洲南部，所以称为"南方古猿"。南方古猿的外形还没有完全摆脱猿的模样，与现代人在外貌上有着很大的差距。从南方古猿开始，经过"匠人"[1]"直立人"[2]，人科动物一路进化为我们现代"智人"[3]。

那么，最早的智人又是谁呢？应该是距今150万年前—20万年前的某一个人。据考证，大约10万年前，智人逃出了非洲。那个时候，在非洲以外的地方还生活着一种古人类，叫作"洞穴人"。洞穴人虽比智人个头小一些，可他们的力气和大脑容量却比智人大得多。遗憾的是，他们在生存竞争中不幸灭绝了。

古人类学家认为洞穴人灭绝的主要原因是疾病和笨拙的捕猎技术。他们无法抵抗智人从非洲带来的疾病，再加上落后的语言和工具造成的交流不畅、狩猎不便，最终导致了"全军覆没"的结局。

[1] 匠人：一种早期人类，会使用工具。
[2] 直立人：一种早期人类，能直立行走，其化石在欧洲、亚洲、非洲均有发现。
[3] 智人：地球上现今全体人类的一个共有名称。

没有出色的生存本领，任何动物都难以度过地球上最严酷的冰河期。但也有一些学者认为洞穴人并没有彻底灭绝，因为智人遗传基因的2%—4%正是来自于洞穴人。

05

我们能分辨一万多种气味?

我们人类的味觉是指舌头上的味蕾接触到各种物质时所产生的感觉。味蕾里有五种味觉受体，味觉受体也跟其他受体一样由蛋白质组成。某一种味道的物质只能和这种味道的受体相结合，而一旦结合，味觉受体的结构就会发生变化，然后向大脑提供相关信息。接到这些信息后大脑就会做出判断："哦，这是咸味！"

人类能区分的味道共有五种，除了甜味、咸味、酸味、苦味，还有一种是什么呢？是辣味吗？事实上，这里存在着一个巨大的认识误区，我们人类能区分的第五种味道并不是辣味，辣味不是味觉受体所能感知到的，它属于疼痛受体的感知范围。因此，从生物学角度说，"辣味"不是味道，而是痛感。不过，由于我们在日常生活中经常与辣味打交道，所以往往将酸甜苦辣咸并称为"五味"。

生物学中讲的第五种味觉是指鲜味，这一事实直到最近才被人们发现。比如我们喝海带汤或肉汤时所感受到的就是鲜味。鲜味具有增添其他味道的作用，因此，人们在烹饪时往往会添加一些调料以提鲜。

人能区分的味道只有这五种，却能够分辨一万多种气味。这么说人的嗅觉受体也有一万多种？我们说过，受体就是蛋白质，蛋白质的设计图是遗传基因，如果人的嗅觉受体真有一万多种，那就意味着我们需要一万多个遗传基因。而人体内只有25000个遗传基因，如果其中一半都用来分辨气味了，那其他功能还如何实现呢？

对此，科学家们也感到十分纳闷，难道人的遗传基因当中果真有一半被用来辨别气味了吗？研究证明并非如此。人的嗅觉受体遗传基因只有350个，也就是说，这350个嗅觉受体能够以不断重组的方式来辨别各种气味。比如某一个分子能够与1号和3号受体结合，大脑就会感知到这是花香；而另一个分子能够与1号、17号和153号受体结合，大脑就会感知到这是脚臭。

　　过去，科学家们认为一个遗传基因只能生成一种蛋白质，后来才知道遗传基因也能形成不同组合来生成更多的蛋白质。这就是说，人的遗传基因虽然只有25000个，可实际上它能生成10万种蛋白质。蛋白质是生命活动的核心，而研究它的学问就叫作"蛋白质体学"或"蛋白质组学"，这是20世纪90年代中期出现的新兴学科，也是现代生物学中与产业关系最为紧密的一门学科。

06

果蝇和拟南芥为什么最受欢迎？

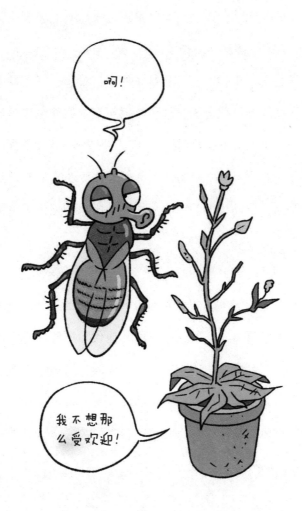

我们之所以长得一半像爸爸一半像妈妈，是因为我们从爸爸妈妈那里继承了遗传基因。现在恐怕没有不知道这个道理的同学了吧。可科学家们发现这一秘密却只有150年左右，专门研究遗传现象的学问"遗传学"是在1905年出现的，而认识到遗传基因的形状更是只有50年的时间。由于遗传学在最近几十年来有了突飞猛进的发展，现在的人们一提起生命科学就会想起遗传学。

遗传学是揭示生物的卵子和精子的受精过程、受精卵中个体的成长过程以及生命进化过程中遗传基因所发挥的作用等生命秘密的学问。如今，遗传学还能做到用"剪刀"把原来的DNA剪成碎片再用"胶水"将它们重新拼接成新的DNA。这里所说的"剪刀"和"胶水"指的是蛋白质酶，因为细胞里发生的所有变化都是由蛋白质酶负责完成的。

遗传学既然是研究遗传的学问，那么就必须观察上一代和下一代之间发生的遗传现象。然而人类的一代长达二三十年，很不利于实验观察，于是科学家们就想办法用其他代际更替快的生物来作为实验对象。他们最常使用的实验动物是果蝇。果蝇具有体积小、生长快、适合实验室培育、容易引发基因突变、染色体较大且数量较少易于制作染色体地图等特点。与此相类似，科学家们最常使用的实验植物则是拟南芥。

07

分类为什么是必需的?

我来看看……这些纽扣是按形状分类好呢，还是按颜色分类好呢？或者按大小分类试试？

我看还是按价格分吧!

1732年，瑞典植物学家卡尔·冯·林奈在斯堪的纳维亚半岛旅行了半年。在此期间，林奈收集了大量的植物、鸟类和石块的标本，并发现了100多种从未有记载的植物。他还曾断言："只要告诉我动物的牙齿种类和数目、乳头的数目及其位置，我就可以准确地对所有四肢动物进行分类。"根据这一经验，林奈最终完成了"种——属——科——目——纲——门——界"的生物分类体系。

　　分类学是将地球上的所有生物按照系统分门别类地进行整理的学问。我们为什么必须要对生物进行分类呢？原因只有一个，地球上的生物太多了。而成千上万的生物看似杂乱无章，其实又都有着千丝万缕的联系。如果科学家们寻找到这些联系，把握住生物之间的共性与差异，建立起一个分类的体系，就会给自己的研究带来莫大的便利。

　　我们吃的蘑菇可分为无毒蘑菇和有毒蘑菇，这也是分类的一种。我们管这种分类叫作"人为分类"。动物大体上可分为脊椎动物和无脊椎动物，这种分类叫作"自然分类"。

　　分类学研究的不是人为分类，而是自然分类。生物分类学的研究目的是为了揭示生物之间的关系，也就是说，研究它们在进化过程中相互间到底有什么差异，从而制定出一套完整的生物系统。

　　直到几十年前，分类学还只是按照生物的外部形状进行分类；而现在，除了外部形状以外，它还以生态、遗传、繁衍等生物的内在特征为标准进行分类。

遗憾的是，眼下学习分类学的地方并不多，大学生物学科的教授几乎都是研究微生物学、分子生物学、蛋白质体学、遗传学、生理学的人，很少有人讲授分类学。可分类学其实是以上诸种学问的基础，社会各界也都需要分类学专家，尤其是生物实验室、生态园、自然博物馆等机构更是急需这类人才。

08

转基因食品可以放心食用吗？

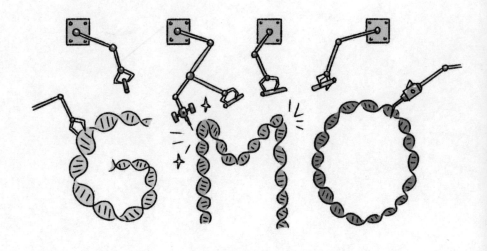

在我念大学的20世纪80年代，想研究食品就得报考工科大学的食品工程专业或职业培训学校的饮食生活专业。如今，有关食品的研究也在生命科学领域里进行着。这也是随着遗传学的发展而产生的现象。

大家听说过GMO一词没有？所谓GMO，就是"转基因生物"的英文缩写，是指通过对生物体遗传基因的改造而改变生物体的遗传特性，使生物体获得某些人们所希望的性状。生物学家们发明转基因生物的初衷只有一个，那就是多生产粮食，以缓解世界部分地区的持续饥荒。所以这种经过基因改造的生物通常具有结果多、耐病虫害等特性。

可随着转基因生物的普及，人们越来越很担心转基因食品会给人体带来危害。刚开始的时候，大部分科学家都强烈反对转基因食品的生产，怕人们食用后会出现毒副作用，因为转基因食品毕竟不是大自然的原产物。他们认为，既然现代社会的食物种类已经如此丰富了，为什么还要给人们提供那些人造的转基因食品呢？这些观点也不无道理。

当然也有主张转基因食品没有任何问题的科学家。他们的理由很简单，人类食用转基因食品已经很长时间了，可至今没有出现任何不良反应——最早上市的转基因食品是美国于1994年制造的转基因西红柿，至今已有超过20年的历史了，可尚未发现因食用这种西红柿而导致健康问题的案例。韩国虽然不生产转基因生物，却是转基因生物的进口大国，其大豆年消费量的93%都是进口的，99%的玉米也是依靠进口。虽然进口的转基因生物大多用于动物饲料，可国民食用的大豆和玉米当中也有不少是转基因产品。

直到目前为止，转基因食品似乎没有对人体健康造成什么危害，要说危害的话，它倒是给那些农产品进口国的农民利益造成了不小的损失。

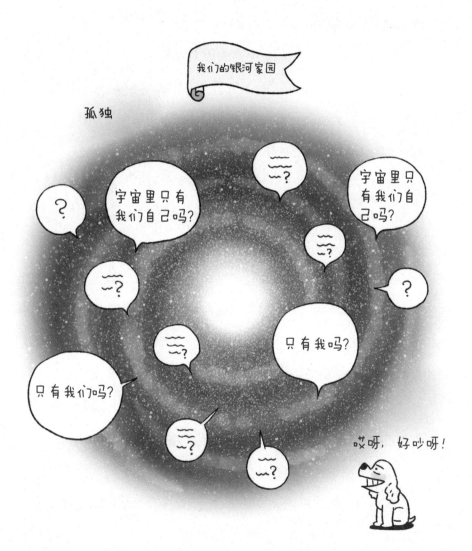

09

宇宙空间里只有我们人类自己吗？

宇宙是在138亿年前从一次大爆炸开始形成的。当时没有时间也没有空间，只有一个点。138亿年前，就是这个小点突然砰的一声发生了爆炸，于是宇宙便诞生了。如果把由那次爆炸开始的宇宙历史看作24个小时，那么人类就是在第23小时59分59秒诞生的。也就是说，我们人类的历史实际上就是那1秒钟的历史。

　　科学界有一些专门研究宇宙大历史的学者。英语中称宇宙大历史为：*Big History*，就是"巨大的历史"之意。当然，这也是一门巨大的学问，它的研究对象穿越了138亿年的宇宙历史，并且涵盖了人类的现在，延伸向人类的未来。

　　可能有些同学还是不太明白什么叫"大历史"。通俗一点说，所谓大历史就是研究宇宙诞生的时间、宇宙的年龄、太阳和地球的诞生、生命的诞生、性别的形成、有没有外星人等问题的学问。

　　大历史与宇宙生物学密切相关。人类从来没有放弃过寻找自己"宇宙邻居"的努力，为了与可能存在的外星生命体取得联系，美国已在1977年发射了"旅行者1号""旅行者2号"探测器，它们现在仍在朝着太阳系外的宇宙空间飞行。此外，美国还发射了"好奇号"火星探测器以寻找火星上可能存在的生命体。可以说，宇宙生物学是融天体物理学、宇宙工程学、生物学为一体的学问。

　　宇宙生物学家并不都是在宇宙空间里进行研究的，事实上，他们进入宇宙空间的机会极其罕见，一般都是在地球上进行研究。生命体是在什么地方出现的，又是如何形成的？要研究这些问题，地球是再好不过的实验室了，因为这里是迄今为止人类所确知的有生命体存在的地方。

现在，科学家们正在地球上我们想象不到的地方寻找着生命体，比如大洋深处的火山喷发口、地底深处的岩石层、南极的冰山中，还有强酸性的湖水里……随着宇宙生物学的发展，地球生命体的起源奥秘也正在一点一点地被揭开。

10

什么叫作伪科学？

"我是B型男，他们说我是多愁善感会疼女友的人。"在聊到血型的时候，我们总能听到类似这样的话语。血型一般分为A、B、AB、O四种类型，如果按上述的说法，四个男人中就会有一个人的性格像上面那位"B型男"，同学们觉得这有可能吗？说血型似乎在讲科学，可一定要把血型和性格、命运联系在一起，这就是一派胡言了。

　　这世上披着科学外衣的谬论有很多，人们通通将其称为"伪科学"。伪科学在我们周围非常流行，比如看风水、百慕大三角的神话、所谓的生物节律、人体飘浮、意念力、超能力、招魂说、UFO、解梦术、预知提问、透视功能、占星术，等等。

　　那么，我们该如何分辨科学和伪科学呢？其实很简单，没有证据和系统逻辑的说法就都是伪科学。比如曾流行一时的外星人发射不明光线将几千人抓到宇宙飞船上的"外星人绑架说"就是典型的伪科学，因为既没有被绑架的人返回我们身边亲自述说"被绑架"的经历，也没有人报警称自己的亲属被外星人绑架了。虽然也有目击者说的确看见过那艘宇宙飞船，可并没有照片之类的有力证据。

　　《圣经》中的创世论其实是个信仰问题，信仰是与科学完全不同的另一个体系。你可以信，也可以不信，可是不应将创世论看作一套严谨的科学理论，否则就无疑将其变成了伪科学。同学们要记住，科学就是从"怀疑一切"开始的。有观察才有怀疑，有怀疑就会去寻找证据，这就是科学精神的体现，也是科学发展的过程。